AUTORIN: BRIGITTE EILERT-OVERBECK | FOTOS: MONIKA WEGLER UND ANDERE

UNSER KÄTZCHEN

INHALT

48 GUTES MITEINANDER

EXTRAS

DIE GU-QUALITÄTS-GARANTIE

Wir möchten Ihnen mit den Informationen und Anregungen in diesem Buch das Leben erleichtern und Sie inspirieren, Neues auszuprobieren. Bei jedem unserer Produkte achten wir auf Aktualität und stellen höchste Ansprüche an Inhalt, Optik und Ausstattung. Alle Informationen werden von unseren Autoren und unserer Fachredaktion sorgfältig ausgewählt und mehrfach geprüft. Deshalb bieten wir Ihnen eine 100 %ige Qualitätsgarantie.

Darauf können Sie sich verlassen:
Wir legen Wert auf artgerechte Tierhaltung und stellen das Wohl des Tieres an erste Stelle. Wir garantieren, dass:
- alle Anleitungen und Tipps von Experten in der Praxis geprüft und
- durch klar verständliche Texte und Illustrationen einfach umsetzbar sind.

Wir möchten für Sie immer besser werden:
Sollten wir mit diesem Buch Ihre Erwartungen nicht erfüllen, lassen Sie es uns bitte wissen! Wir tauschen Ihr Buch jederzeit gegen ein gleichwertiges zum gleichen oder ähnlichen Thema um. Nehmen Sie einfach Kontakt zu unserem Leserservice auf. Die Kontaktdaten unseres Leserservice finden Sie am Ende dieses Buches.

GRÄFE UND UNZER VERLAG
Der erste Ratgeberverlag – seit 1722.

EIN KÄTZCHEN SOLL ES SEIN

Sanftes, süßes Engelchen und kratzbürstiges Teufelchen:
Ein Kätzchen verkörpert beides und erobert so das Menschenherz
im Nu. Das kann der Beginn einer wunderbaren Freundschaft sein.

Die Welt der Katzen

Katzen sind in zwei Welten zu Hause. Die eine haben sie von ihren wilden Vorfahren geerbt: die Welt des Jägers. Schnell und geschickt müssen sie sein, die Kunst des Abwartens beherrschen und den blitzartigen Angriff. Alle Kniffe müssen sie kennen, um ihre Beute zu überlisten, der Konkurrenz voraus zu sein und Gefahren zu entgehen. Die Natur hat auch Schmusekätzchen mit den Waffen ihrer Verwandtschaft ausgestattet: Scharfe Krallen, kraftvolles Gebiss, hellwache, hoch entwickelte Sinne und einen Bewegungsapparat, von dem Artisten nur träumen können. Sie sind perfekte kleine Raubtiere, nicht weniger vollkommen als Panther, Tiger & Co.

Kätzchens Superkatze: der Mensch

Aber die Katze ist auch ein perfektes Haustier. Ihre zweite Welt haben die Samtpfoten sich erobert, nachdem die Menschen anfingen, Häuser zu bauen. Das Menschenheim bedeutet der Katze mehr als jedem anderem Tier: Kernrevier, Insel der Geborgenheit, wieder gefundene Kinderstube, vielleicht ein irdisches Paradies. Der Mensch, dem sie sich einmal angeschlossen hat, ist ihr wichtiger als jeder Artgenosse: Er ist für sie die »Superkatze« – Spender von Wärme, Zuwendung und Nahrung, wie einst die Mama. Ein Gefährte, mit dem man weder um Beute noch Bräute (oder schmucke Kater) streiten muss. Und schon gar nicht ums Revier: Wer seine Katze versteht, überlässt ihr die »Lufthoheit« in der Wohngemeinschaft und versucht erst gar nicht, sich mit Befehlsgewalt durchzusetzen. In ihrer Welt ist die Katze eine Jägerin, für die Befehl und Gehorsam keine Bedeutung haben. Auch nicht in unserer Welt, in der die Katze zeitlebens Kind bleibt. Ein liebes Kind, wenn sie sich verstanden fühlt. Aber nicht immer ein braves …

Typisch Katze!

Unsere Samtpfoten sind Individualisten. Es gibt Schmuser und Raubeine, Draufgänger und Zauderer, Temperamentsbündel und Phlegmatiker. Sie haben aber auch manches gemeinsam:

› Sie gehen eine (katzen-)lebenslange Partnerschaft mit dem Menschen ein – das können 20 Jahre und mehr sein.

› Sie entwickeln aber auch eine enge Bindung an den Ort, an dem sie leben, er ist ihr Revier.

› Sie sehen sich in der Mensch-Katze-Wohngemeinschaft als »Chef im Ring«.

› Anderseits betrachten sie ihren Menschen als »Superkatze« und Mutterersatz, von dem sie viel Zuwendung erwarten.

› Katzen sind hochintelligent und nicht zuletzt deshalb über alle Maßen neugierig.

Niedlicher Winzling mit riesengroßen Pfoten: Noch sind die Körperproportionen nicht ganz ausgewogen.

› Sie schätzen Rituale und Gewohnheiten und können Veränderungen ihres Alltags (z. B. Reisen) wenig abgewinnen.

› Sie brauchen eine auf ihre Bedürfnisse abgestimmte Ernährung und regelmäßige Pflege.

Passt eine Katze zu mir?

Ein Blick aus Unschuldsaugen, ein schüchternes »Miau«, und schon ist es passiert: Ein Kätzchen hat sich ins Menschenherz geschlichen. Damit die Liebesgeschichte gut ausgeht, muss auch nüchterne Überlegung ins Spiel kommen. Gehen Sie die folgenden einzelnen Punkte noch einmal in aller Ruhe durch. Und entscheiden Sie dann, ob so ein Vierbeiner wirklich zu Ihnen und in Ihr Leben passt.

Verpflichtung Mit der Anschaffung eines Kätzchens gehen Sie einen »Bund fürs Leben« ein. Haben Sie den Kopf frei für eine so weitreichende Entscheidung? Falls Ihr Leben gerade im Umbruch ist (Jobwechsel, neue Partnerschaft, bevorstehender Umzug etc.), warten Sie besser, bis alles wieder in ruhigen Bahnen läuft. Dann sind Sie wieder entspannt und Ihr Kätzchen kann leichter Vertrauen fassen. Stellen Sie auch sicher, dass keine Hinderungsgründe wie Katzenallergie oder Haustierverbot vorliegen. Bedenken Sie zudem: Das Katzenkind braucht vollen Familienanschluss – es sollte allen Mitbewohnern willkommen sein.

Platz Jede Katze braucht ihr Revier, auch der Etagentiger ohne Auslauf. Katzen brauchen also Platz, genauer gesagt, verschiedene Plätze: einen zum Schlafen, einen zum Essen, einen fürs Gegenteil. Dazu noch mehrere Ruhe- und Rückzugsgelegenheiten, »Sportanlagen« zum Klettern und Krallen-

Kuschelrunde: Wenn sich ein Kätzchen so vertrauensvoll in die Kinderarme schmiegt, macht es seiner kleinen Freundin ein Riesenkompliment. Sie versteht offensichtlich schon eine ganze Menge vom richtigen Umgang mit Katzenkindern.

wetzen, ein Gebiet zum Durchstreifen. Können Sie dem Tier genug Raum geben und sind Sie bereit, die Wohnung katzengerecht zu gestalten?

Eigensinn Von einer Katze können Sie nicht erwarten, dass sie Ihnen aufs Wort gehorcht, sich Ihnen unterordnet oder Dressur-Kunststückchen vorführt – es sei denn, sie hat Spaß daran. Sie werden auch damit leben müssen, dass sie gelegentlich ihre Krallen an unpassender Stelle wetzt oder Ihren Lieblingssessel in Beschlag nimmt. Vor allem

Die **Halbstarken**

Selbst die niedlichsten Katzenkinder sind kleine Halbstarke – und so benehmen sie sich oft auch. Hier ist nicht nur Erziehungskompetenz gefragt (→ Seite 50/51), sondern auch Geduld: Mit neun bis zehn Monaten treiben es die meisten nicht mehr so wild, sie werden ruhiger.

Kätzchen **brauchen mehr**

	KÄTZCHEN	KATZE
ENERGIE	130 kcal/kg	80–100 kcal/kg
MAHLZEITEN PRO TAG	3–5	2
SCHLAF	18–20 Std.	bis zu 16 Std.
SPIELEN	bis zu 2 Std.	bis zu 1 Std.
SPIELPAUSEN	verausgabt sich völlig	dosiert ihre Spielenergie
BEHUTSAM-KEIT	ist empfindlich und noch sehr verletzlich	ist robuster
ERZIEHUNG	testet Grenzen aus	kennt Grenzen
NACHSICHT	ist aktiv	wird ruhiger
SICHERHEITS-VORKEH-RUNGEN	bringt sich durch Neugier leicht in Gefahr	ist vorsich-tiger
RÜCKZUGS-MÖGLICH-KEITEN	muss sich ihr Revier erst vertraut machen	hat ihre Lieblings-plätze gefunden

Kätzchen stellen mit viel Charme eine Menge Unsinn an. Alles kein Problem?

Zuwendung Haben Sie genug Zeit und sind Sie gern zu Hause? Katzen brauchen ihren Menschen um sich, Kätzchen erst recht. Nicht nur frühmorgens und spätabends, sondern täglich ein paar Stunden lang. Um ihm zu »erzählen«, was sie gerade bewegt (→ Verhaltensdolmetscher). Um ihm um die Beine zu streichen und Streicheleinheiten abzufordern. Um ihn in ein Spielchen zu verwickeln. Eine vertrauens-volle Beziehung zwischen Mensch und Katze kann nur durch viel Nähe und Zuwendung entstehen.

Neugier Phantasie ist gefragt: Katzen brauchen Anregungen, die ihre natürliche Neugier immer wie-der herausfordern. Andererseits geraten insbeson-dere Kätzchen durch ihren ungebremsten Forscher-drang nur zu leicht in gefährliche Situationen. Sind Sie umsichtig genug, um mögliche Risiken von vorn-herein zu entschärfen (→ Seite 28/29)?

Beständigkeit Kätzchen sorgen mit ihrem über-schäumenden Temperament für jede Menge Auf-regung. Sie schätzen es aber gar nicht, wenn ihre Menschen das auch tun: Katzen fühlen sich da wohl, wo es ruhig, beständig und unaufgeregt zugeht. Sie sehnen sich nicht nach Tapetenwechsel. Hätten Sie jemanden, der Ihre Katze zuverlässig betreut und versorgt, wenn der »lange, ruhige Fluss« mal unterbrochen ist, weil Sie Urlaub machen, krank werden oder verreisen müssen?

Ernährung, Pflege Katzen kosten »Mäuse«. Sind Sie bereit, etwa 500 Euro pro Jahr für Futter, Streu, Tierarztkosten und kleine Extras zu zahlen? Und noch eine Überlegung zum Schluss: Passt eine erwachsene Katze vielleicht besser zu Ihnen als ein aktives, forderndes Katzenkind? In den Tierheimen warten einige, die bereits ihre Sturm-und-Drang-Zeit hinter sich haben.

Familienzuwachs Katzenkind

Nichts spricht gegen ein neues Familienmitglied mit Fell und Pfoten? Dann ist jetzt Zeit für ein paar weitere Überlegungen:

Kind und Kätzchen Sie können ein Dreamteam sein! Aber von kindlichem Ungestüm fühlen sich die Tierchen bedrängt, ungeschicktes Zupacken kann sie verletzen. Ihr Kind sollte also schon im Schulalter sein, wenn Sie ein Kätzchen in die Familie aufnehmen. Selbstverständlich kann und wird Ihr Kind gern bei der Versorgung des neuen Familienmitglieds helfen. Aber selbst wenn es sich die Samtpfote noch so sehr gewünscht hat: Es kann nicht überblicken, welche Verantwortung damit verbunden ist. Die müssen Sie also tragen.

Ein Kätzchen oder zwei? Ein Kätzchen ist gut, zwei sind besser! In jedem Wurf gibt es Geschwister, die besonders viel miteinander spielen und kuscheln. Kätzchen mit Kumpel gewöhnen sich schneller ein, langweilen sich nicht in Ihrer Abwesenheit und halten einander fit. Natürlich können sie gemeinsam auch Unsinn anstellen. Sie haben jedoch mehr Spaß dabei als ein Kätzchen, das aus Langeweile die Wohnung auf den Kopf stellt.

Katze oder Kater? Weibliche Katzen gelten als sanfter, anhänglicher, aber auch »zickiger« als ihre männlichen Pendants, Kater dagegen als raubeiniger, aber auch gutmütiger als die Mädels. Unter den geborenen Individualisten finden sich jedoch verschmuste Kater ebenso wie ruppige Katzendamen. Sie können den kleinen Unterschied also bis auf Weiteres vergessen. Wenn Sie nicht unter die Züchter gehen wollen, müssten Sie Ihre Katze(n) ohnehin später kastrieren lassen.

Eine Katze ist schon da Ihre ältere Katze soll ein Katzenkind zur Gesellschaft bekommen? Im Prinzip eine gute Idee, denn ein Kätzchen passt sich besser an als ein erwachsenes Tier und wird auch eher akzeptiert. Trotzdem wird die »Große« erst nicht begeistert sein. Sie müssen Geduld haben, um beide aneinander zu gewöhnen (→ Seite 34/35).

Gemeinsam sind wir unwiderstehlich: Zwei Kätzchen erobern im Team ihre neue Menschenfamilie in kürzester Zeit.

Falls Ihre Katze als »Solistin« schon das Seniorenalter erreicht hat oder gesundheitlich nicht ganz auf der Höhe ist, sehen Sie besser von Ihrem Plan ab: Der Wildfang würde nur Stress bedeuten.

Hund und Katze Sie sind keine Erbfeinde. Ein gut erzogener Familienhund wird ein Kätzchen in aller Regel akzeptieren und sogar beschützen wollen. Missverständnisse können sich aber aus den unterschiedlichen Sprachen der beiden ergeben – so heben z. B. Hunde die Pfote, wenn sie spielen wollen, Katzen dagegen drohen so Hiebe an. Aber wenn Sie geschickt vermitteln (→ Seite 34/35), beugen Sie Verständigungsproblemen vor.

Katzen und andere Heimtiere Große Kaninchen können Sie mit viel Geduld an Ihr Kätzchen gewöhnen. Lassen Sie die Tiere trotzdem lieber nicht miteinander allein. Meerschweinchen, Hamster, Ratten, Zwergkaninchen und Vögel fühlen sich in Katzengesellschaft kaum wohl: Sie passen zu gut ins Beuteschema der Jäger – und sie wissen es. Es ist also nicht die beste Idee, zu einer Kleintier-Menagerie ein Kätzchen zu gesellen (→ Seite 34/35).

Freigänger oder Stubentiger? Der Traum vom Katzenleben: ein sicheres Dach überm Kopf haben und nach Lust und Laune frei umherstreifen können. Mit gutem Gewissen können Sie das Ihrem Samtpfötchen aber nur da gestatten, wo es keine Gefahr durch Autos gibt, kein Jagdgebiet in der Nähe liegt und die Nachbarn nichts gegen Katzen haben. Sonst bleibt als Kompromiss der Auslauf im sicher eingezäunten Garten oder Freiluft-Gehege. Aber auch eine Etagenwohnung ohne Auslaufmöglichkeit kann zum anregenden Katzenrevier werden (→ Seite 54/55). Ein Kätzchen, das während der Prägezeit (3.–7. Lebenswoche) keine Erfahrung mit den Jagdgründen draußen gemacht hat, wird die gefährliche Freiheit auch nicht vermissen.

Ein Stubentigerchen braucht jede Menge Anregung. Damit öde Langeweile keine Chance hat, ist der Mensch entsprechend gefordert.

Zwei Kätzchen – ein Temperament

EIN STUBENTIGERCHEN langweilt sich mit Sicherheit, wenn Sie außer Haus berufstätig sind. Die beste Lösung: Statt eines Kätzchens gleich zwei aus einem Wurf nehmen (→ Seite 9). Eingewöhnungs- und Verträglichkeitsprobleme können Sie aber auch in Grenzen halten, wenn Sie Ihrem Kätzchen erst etwas später einen Artgenossen gönnen.

DAS ZWEITE KATZENKIND sollte ein ähnliches Temperament haben wie das erste: Zu einem kleinen Frechdachs passt am besten ein weiterer Frechdachs. Ein schüchternes Kätzchen dagegen fühlt sich von einem Draufgänger leicht entmutigt. Das Geschlecht spielt keine große Rolle: Kater, Katzen oder gemischte Paare, die von klein auf zusammen sind, vertragen sich meist auch später prima.

Wie die Katze wurde, was sie ist

Ein Hoch auf die Mäuse! Sie haben die Freundschaft zwischen Mensch und Katze erst möglich gemacht. Mäuse waren die ersten, die den Menschen im vorderen Orient in die Häuser folgten. Sie hatten es auf ihre Nahrungsvorräte abgesehen. Doch der Traum vom fetten Mäuseleben scheiterte an der Falbkatze *(Felis silvestris libyca)*. Immer mehr der kleinen Wildkatzen verlegten ihre Jagdgründe in Mäuse- und damit in Menschennähe. Sie freundeten sich mit ihnen an, räumten unter den Nagern auf – und wurden Vorfahren unserer Hauskatzen.

Die Schönen aus dem Orient

Im „fruchtbaren Halbmond", der Region zwischen dem früheren Mesopotamien, der Südtürkei, Syrien und Israel, wurde die Katze endgültig zum Haustier. Von dort aus erst kam sie nach Ägypten und schließlich in die ganze Welt. Nach und nach passten sie sich ihrer jeweiligen Umgebung an. Im heißen Südostasien vererbte sich eine sehr kurzhaarige Schlankform: Vorfahren der Siamesen und Burmesen. Im rauen Hochland Kleinasiens tauchten die ersten Langhaar-Katzen auf, Urahnen unserer Perser und Halblanghaar-Katzen. In gemäßigten Klimazonen entwickelten Katzen einen kompakteren Körperbau und ein dichteres Fell mit isolierender Unterwolle: So entstand der Urtyp der Europäischen Kurzhaar-Katze, unserer »gewöhnlichen« Hauskatze.

Bei den Ägyptern waren Katzen heilige Tiere der Göttin Bastet, zuständig für sinnliche Liebe und häusliches Glück. Heilig waren sie auch dem Sonnengott Ra und der Isis. Im späten Mittelalter erklärten christliche Glaubenshüter die Tiere zu Bundesgenossen des Teufels und verfolgten sie jahrhundertelang erbarmungslos. Zum Glück sind jene Zeiten vorbei, und die Katze spielt heute bei uns Menschen eine Rolle, die ihr viel besser ansteht: wunderbare Gefährtin und schnurrender Seelenbalsam.

Gut getarnt im Laub: Wie schon vor Jahrtausenden halten die kleinen Jäger auch heute noch gern Ausschau nach fetter Mäusebeute.

Robust und gesellig

Maine Coon

Mit dem Waschbär (Coon) hat diese große, kräftige und robuste Katze nichts zu tun. Sie tauchte zuerst im US-Bundesstaat Maine auf und entstand vermutlich durch Kreuzung der einheimischen Katzen mit den Langhaar-Katzen, die von Seeleuten mit ins Land gebracht worden waren.

Aussehen/Eindruck Halblanges, im Winter ganz besonders dichtes Fell und buschiger »Waschbär«-Schwanz. Wie beim Luchs tragen die Ohren schmucke Haarpinsel. Maine-Coon-Katzen haben ein freundliches Wesen und ganz im Gegensatz zu ihrem Körperbau eine zarte, leise Stimme.

Wesen/Charakter Maine Coons vertragen sich gut mit anderen Tieren, lieben aber auch menschliche Gesellschaft und passen gut in eine Familie mit Kindern. Sie sind nicht unbedingt Schoßkatzen, spielen dafür aber umso lieber und können sich eventuell auch für Apportier-Übungen begeistern. Und sie sind begeisterte Mausejäger, die gern draußen herumstromern.

Ruhig und majestätisch

Perser

Perser sind die Nachfahren der vor Jahrhunderten besonders beim Adel begehrten »Angora-Katzen« – wie damals der Name aller Langhaar-Katzen lautete.

Aussehen/Eindruck Ihr sehr langes, seidiges Fell umfließt die Perserkatze wie ein Königsmantel. Sie ist groß, hat einen kräftigen, leicht gedrungenen Körperbau und steht auf kurzen, stämmigen Beinen. Der Schwanz ist buschig und eher kurz. Die kleinen, leicht abgerundeten Ohren verschwinden beinahe im üppigen Fell der Halskrause. Der Kopf ist groß und rund, typisch sind die großen, leuchtenden Augen und die breite, kleine Nase mit dem »Stop«, der Einbuchtung am Übergang zur Stirn. Perserkatzen gibt es in mehr als 200 Farbschlägen.

Wesen/Charakter Die kleinen Salonlöwen haben ein recht gemäßigtes Temperament und sind eher Schoßkatzen als Sportsfreunde. Sie können sehr anschmiegsam sein und lieben es, sanft gebürstet und gekämmt zu werden. Und das brauchen sie auch, damit ihr »Königsmantel« nicht verfilzt.

Unkompliziert und ausgeglichen

Britisch Kurzhaar

Der Ursprung der Rasse liegt in England, die Vorfahren sind britische Hauskatzen und Perserkatzen.
Aussehen/Eindruck Britisch-Kurzhaar-Katzen werden von ihren Liebhabern oft »Bärchen« genannt. Wie ein Teddy haben sie eine gemütliche Ausstrahlung, plüschiges, leicht vom Körper abstehendes Fell und eine harmonische Rundlichkeit. Am beliebtesten ist die Britisch Kurzhaar Blau, landläufig besser bekannt unter dem Namen Kartäuser. Ihr Fell schimmert silbrig-blau, die großen, runden Augen sind kupfer- oder orangefarben. Das gleiche trifft auch auf die „Chartreux" (frz.: Kartäuser) zu. Sie hat einen anderen Körperbau und ist eine eigenständige Rasse, die ursprünglich aus Frankreich stammt. Die »Briten« gibt es mittlerweile in fast allen Farbvariationen.
Wesen/Charakter Britisch-Kurzhaar-Katzen haben ein unkompliziertes Wesen. Sie kommen mit Singles ebenso gut zurecht wie mit Familien und sind problemlos in der Wohnung zu halten.

Temperamentvoll und sensibel

Siam

Siamkatzen stammen ursprünglich aus Thailand, werden aber seit gut 130 Jahren in Europa gezüchtet.
Aussehen/Eindruck Von ihren thailändischen Vorfahren haben die europäischen Siam-Generationen sich im Lauf der Jahrzehnte weit entfernt. Schlanker und graziler sind sie geworden, der einst rundliche Kopf gleicht heute eher einem Keil, ihr Fell ist noch kürzer, noch glatter, noch feiner. Geblieben sind die strahlend blauen Augen. Siamkatzen sind Teilalbinos. Sie kommen weiß zur Welt, das Fell nimmt erst allmählich seine bleibende Farbe an und bildet an Kopf, Ohren, Schwanz, Beinen und Pfoten dunklere Abzeichen aus, die Points.
Wesen/Charakter Siamesen sind Katzen für Kenner. Sie nehmen ihren Menschen ganz und gar in Besitz, wollen stets beschäftigt werden und haben mit ihrer erstaunlich kräftigen Stimme immer etwas mitzuteilen. Sie lernen schnell und lassen sich gern den einen oder anderen Trick beibringen, fordern ihren Menschen also auch im Spiel.

Sanft und sehr verträglich

Ragdoll

Die Rasse entstand erst vor ein paar Jahrzehnten in Kalifornien, Perser- und Birmakatzen standen Pate.
Aussehen/Eindruck Ragdolls gehören zu den Schwergewichten unter den Katzen, die schon mal 9–10 kg auf die Waage bringen. Sie haben einen großen, keilförmigen Kopf, leuchtend blaue Augen, ein halblanges, sehr seidiges Fell und – wie ihre Birma-Vorfahren – vier weiße »Handschuhe«.
Wesen/Charakter Während Ragdoll-Kätzchen ganz schön temperamentvoll sein können, lassen es die ausgewachsenen Tiere ruhig angehen. Sie genießen Zuwendung und Gesellschaft, fordern sie aber nie aufdringlich ein. Sie kommen gut mit Kindern zurecht und zeigen sich anderen Tieren gegenüber sehr verträglich. Eine besondere Eigenschaft hat ihnen den Namen eingetragen: Nimmt ihr Mensch sie auf den Arm, lassen sie sich ganz entspannt hängen – eben wie eine Lumpenpuppe (Ragdoll). Sie haben keinen großen Drang nach draußen und sind ideal für die Wohnungshaltung.

Neugierig und gesellig

Burma

Ihr Ursprung liegt tatsächlich in Burma. Die Rasse, wie wir sie heute kennen, wurde aber zuerst in den USA gezüchtet – unter Einkreuzung von Siamesen.
Aussehen/Eindruck Die Burmakatze hat ein kurzes, glattes, seidig glänzendes Fell, an Kopf, Rücken und Beinen etwas dunkler als am Unterkörper. Der Kopf ist gemäßigt keilförmig mit abgerundeten Linien, die Nase hat einen kleinen »Stop«, also eine Einbuchtung am Übergang zur Stirn. Sie hat große, goldgelbe bis bernsteinfarbene Augen und gehört zum zierlicheren orientalischen Katzentyp, ist aber kompakter und muskulöser als etwa die Siam.
Wesen/Charakter Die Burma ist ähnlich temperamentvoll und auf den Menschen bezogen wie die Siamkatze, aber nicht ganz so fordernd. Sie fühlt sich auch in Gesellschaft anderer Katzen wohl. Alleinsein bekommt ihr gar nicht. Zu den hervorstechenden Eigenschaften gehört ihre Neugier – möglicherweise ein Grund, dass sie sich lieber als andere Katzen im Auto mitnehmen lässt.

Verschmust und abenteuerlustig

Norwegische Waldkatze

Sie ist die Katze, die aus der Kälte kam. Genauer gesagt aus den Kältezonen Skandinaviens. Wie die Maine Coon entstand auch die Norwegische Waldkatze auf natürlichem Wege: durch zufällige Kreuzung von Lang- und Kurzhaarkatzen.

Aussehen/Eindruck Im Lauf der Zeit hat die »Norwegerin« sich als Wind- und Wetterkatze ausgerüstet. Mit kräftigem, robusten Körperbau und halblangem »doppelten« Fell: Wasser abweisende Deckhaare über wärmender Unterwolle. Sie hat einen dreieckigen Kopf, große Ohren mit Haarbüscheln, eine prächtige Halskrause und »Knickerbockers« an den Hinterbeinen.

Wesen/Charakter Sie streift gern draußen herum. Zu ihren Lieblingsabenteuern gehören Kletterpartien. Spezialität: den Baum hinunter mit dem Kopf voran. Norwegische Waldkatzen sind sehr gesellig, spielen und schmusen viel – halten aber mehr von stürmischen Gunstbezeugungen als von ruhigen Schoßsitzungen.

Intelligent und eigensinnig

Abessinier

Eine der ältesten Rassen, die von Afrika zunächst nach Großbritannien gelangte und eine der wenigen Katzen vom »exotischen« Typ ohne Siam-Vorfahren.

Aussehen/Eindruck Abessinier sind mittelgroß, schlank und langbeinig, mit relativ schmalem Kopf, großen Ohren und grünen bis goldfarbenen Augen. Sie haben ein kurzes, dichtes Fell mit charakteristischem »Ticking«, d. h. das einzelne Haar ist in helle und dunklere »Bänder« unterteilt. Am bekanntesten ist die wildfarbene Variante – ein »Mini-Puma«.

Wesen/Charakter Die »Abys« haben ihren eigenen Kopf und setzen ihn mit Charme und Intelligenz durch. Ihre stets geschärfte Aufmerksamkeit lässt sie mitunter schreckhaft reagieren; es kann also etwas dauern, bis ein Kätzchen Vertrauen fasst. Hat es seinen Menschen aber ins Herz geschlossen, ist es sehr anhänglich. Sie fordern viel Zuwendung, wollen aber auch unabhängige Jäger sein. Wer ihnen keinen Auslauf bieten kann, muss in der Wohnung für viel Anregung und Bewegung sorgen.

Willkommen im Leben!

Mindestens zwei- bis dreimal im Jahr wird eine Katze »rollig«. Katze und Kater zieht es dann mit aller Macht zueinander, und für gewöhnlich folgt auf die Paarung die Schwangerschaft. Die dauert etwa neun Wochen, Über- oder Unterschreitungen von ein paar Tagen kommen vor. Die Katze sucht sich für die Niederkunft ein geschütztes »Nest« – im Idealfall die vorbereitete Wurfkiste. Sie bringt innerhalb weniger Stunden etwa drei bis fünf Junge zur

Welt, manchmal auch mehr. Sobald ein Kätzchen geboren ist, befreit die Mutter es von der Fruchthülle und leckt es trocken. Anschließend frisst sie die Nachgeburt und knabbert die Nabelschnur bis auf einen Rest ab. Nach der Geburt legt sich die Katze zum Säugen auf die Seite und bildet mit ihrem Körper einen Schutzwall um die Kleinen. Bis zur vierten Woche übernimmt sie die Vollversorgung ihrer Jungen einschließlich »Windeldienst«: Nach dem Stillen massiert sie mit der Zunge intensiv den Unterleib der Kleinen und nimmt ihre Ausscheidungen auf.

Die ersten Wochen

Ein neu geborenes Kätzchen wiegt um die 100 g, kann nicht sehen, kaum hören und hat nur ein dünnes Babyfell. Die Beinchen taugen gerade mal zum Krabbeln – und treten sofort in Aktion: Von seinem Tast- und Geruchssinn geleitet, bewegt sich das Kleine auf die mütterliche Milchquelle zu. Die Vorderpfötchen benutzt es zum Massieren der Zitzen, um den Milchfluss zu verstärken. Mit der ersten Muttermilch, dem Kolostrum, nehmen die Kätzchen wichtige Antikörper auf und besitzen damit einen Infektionsschutz, der etwa acht Wochen anhält. Ein korrektes »Miau« bringen sie mit ihren Stimmchen noch nicht zuwege, aber ein hohes Quietschen und Fiepen. Es signalisiert der Katzenmama: »Ich brauche dich.« Fauchen können die Kleinen auch schon, wenn ihnen etwas nicht geheuer ist.

Leichtgewicht: Mama Katze transportiert ihre Kinder geschickt per Nackengriff. Die Kleinen verfallen in »Tragstarre«.

Tägliche Fortschritte

In den ersten beiden Wochen sind die Babys fast ausschließlich mit Trinken und Schlafen beschäftigt. Dass sie sich nur mühsam bewegen können, hat seinen Sinn: Weil die Kätzchen ihre Körpertemperatur noch nicht selbstständig aufrechterhalten können, droht ihnen bei Alleingängen lebensgefährliche Unterkühlung. Wenn die Mutter sich für kurze Zeit entfernt, bilden die Wurfgeschwister deshalb mit viel Gestrampel »Kuschelknäuel«. Dabei setzen sie alles daran, die begehrten unteren Plätze zu ergattern – oben lässt die Nestwärme schnell zu wünschen übrig. Auch wenn es zunächst nicht so aussieht: Die Kleinen machen täglich Fortschritte. Spätestens am vierten Tag schnurren sie beim Trinken bereits mit der Mama um die Wette, vom fünften Tag an zeigen sie erste Reaktionen auf Geräusche, in der zweiten Woche richten sich die Ohren auf und die Kätzchen können erkennen, woher ein Geräusch kommt. Zwischen dem siebten und zwölften Tag öffnen sich die zunächst blassblauen Augen, die Sehkraft ist aber noch eingeschränkt. Das Milchgebiss entwickelt sich, Schneidezähne zuerst. Erste Versuche, sich auf die Beinchen zu stellen, fallen gegen Ende der zweiten Lebenswoche noch sehr wacklig aus, aber immerhin können die Kätzchen jetzt ihre Krallen ein- und ausfahren und sich festhalten, wenn sie aus dem Gleichgewicht geraten.

Prägung Gegen Ende der zweiten Woche setzt die erste sensible Phase ein, das heißt: Die Erfahrungen, die das Kätzchen jetzt macht, prägen seine Persönlichkeit und sein Verhalten. Von der dritten

Kätzchens **Entwicklungsphasen** im Überblick

	1.–4. WOCHE	5.–9. WOCHE	10.–14. WOCHE
GEWICHT	100–500 g	600–950 g	1000–1700 g
SINNE	Gehör perfekt ab 4. Wo., Orientierung über die Augen ab 3. Wo.	Sehleistung und Motorik verbessert, Stellreflex ab 5. Wo.	Motorik und Gleichgewichtssinn perfekt, Sehleistung perfekt ab 12. Wo.
KÖRPER	Augen öffnen sich, Ohren richten sich auf, erste Milchzähne. Krallen einziehen können ab 2. Wo., bessere Bewegungskoordination ab 3. Wo., selbstständiger Kot- und Harnabsatz ab 4. Wo.	Eckzähne erscheinen, komplettes Milchgebiss ab 6. Wo., stabile Körpertemperatur ab 7. Wo. Kater legen ab 9. Wo. deutlich mehr Gewicht und Größe zu als Kätzchen.	Augen haben bleibende Farbe angenommen, Bewegungskoordination perfekt ab 10. Wo., Zahnwechsel beginnt ab 13. Wo.
VERHALTEN & FÄHIGKEITEN	Trinken, Schlafen; Schnurren ab 4. Tag. Ab 2. Wo. erste Gehversuche, ab 3. Wo. erste Sprünge, ab 4. Wo. erste Ausflüge aus dem Nest. Beginn der Prägephase.	Verstärkte Neugierde, Klettern, Fangspiele ab 5. Wo., »Katzenwäsche« ab 6. Wo., Spiel mit Gegenständen ab 7. Wo., Kampfspiele mit Geschwistern, Entwöhnung.	Ab 10. Wo. perfektes Springen, Balancieren. Ab 12. Wo. Wettkampf-Spiele seltener, Interesse am Jagen größer. Bindungen an Mutter, Geschwister lockerer.

Die **sensible Phase**

**TIPPS VON
DER KATZEN-EXPERTIN
Brigitte Eilert-Overbeck**

FRÜH ÜBT SICH Alles, was das Kätzchen jetzt lernt, flößt ihm später keine Angst mehr ein. Das gilt ganz besonders für die sensible Phase von der vierten bis siebten Woche, in der auch die Sozialisation stattfindet.

GESELLSCHAFT VON ANFANG AN Einige Züchter sorgen deshalb nicht nur dafür, dass die Katzenkinder in dieser Zeit positive Erfahrungen mit mehreren Erwachsenen, Kindern, anderen Artgenossen und freundlichen Hunden machen. Die Kleinen lernen bei ihnen auch Dinge und Situationen kennen, mit denen sie später zurechtkommen müssen.

ERSTE ERLEBNISSE So dürfen die Kätzchen z. B. die Transportbox »erforschen«, werden mit dem Tierarzt vertraut gemacht – spätestens ab der vierten Woche ist eine erste Entwurmung sinnvoll – und vielleicht sogar schon an kurze Autofahrten gewöhnt. Das kann dem Kätzchen künftig nicht nur bei den notwendigen Tierarztbesuchen manches Drama ersparen – und seiner neuen Menschenfamilie ebenfalls.

Woche an sind die Fortschritte deutlicher zu erkennen. Die Kleinen sind zwar immer noch etwas wacklig auf den Beinen, üben aber erste Katzensprünge, Buckelmachen, Schwanzaufplustern und »Krebsgang«. Hör- und Sehvermögen werden stetig besser, die Kätzchen können jetzt Mutter und Geschwister optisch erkennen und suchen Mutters Zitzen eher mit den Augen als mit dem Näschen. Im Verlauf der Prägephase setzt auch der Prozess der Sozialisation ein: Von Mutter und Geschwistern und von anderen Katzen im Haushalt lernt das Kätzchen, wie es sich gegenüber Artgenossen richtig verhält. Zwischen der vierten und achten Lebenswoche freunden sich Kätzchen besonders leicht mit dem Menschen an, vorausgesetzt, sie machen angenehme Erfahrungen. Gut, wenn in Kätzchens erstem Zuhause für erfreuliche Begegnungen mit Erwachsenen und Kindern gesorgt ist. Auch positive Kontakte mit Hunden oder anderen Tieren können viel dazu beitragen, dass aus einem Katzenkind später ein unkomplizierter Hausgenosse wird.

Die Umwelt erkunden In der vierten Woche ist Kätzchens Gehör voll ausgebildet. Die Kleinen wagen erste Ausflüge aus dem Nest und probieren schon mal Futter aus Mutters Napf, Katzenmütter mit freiem Auslauf schleppen erste Beute an. Langsam stellt Mama den »Windeldienst« ein, aber die Kleinen haben sich bei ihr bereits abgeguckt, wozu die Streukiste gut ist. Das klappt mit jedem Tag besser. Spätestens von der fünften Woche an werden die Kleinen deutlich seltener gestillt und brauchen täglich feste Nahrung. Ihre Augen sind mittlerweile strahlend blau und sie können wiederum ein Stück besser sehen. Die Kätzchen bewegen sich auch geschickter und zeigen sich beim Klettern und Springen ganz schön wagemutig. Mit gutem Grund: Inzwischen ist der »Stellreflex«, also die Fähigkeit,

1 BABYBLICKE Die Kätzchen beginnen in die Welt zu gucken. Noch ist ihre Sehkraft eingeschränkt, sie orientieren sich vorwiegend über den Geruchssinn.

2 OFFEN FÜR EINDRÜCKE Bei den vier Wochen alten Kätzchen hat die sensible Phase eingesetzt: Eindrücke und Erfahrungen, die sie jetzt gewinnen, prägen ihr späteres Verhalten.

3 NEULAND EROBERN Im Spiel lernt das zehn Wochen alte Kätzchen fürs Leben. Mit 12 bis 16 Wochen kann es seine neue Familie erobern.

auf die Füße zu fallen, voll ausgebildet. Sechs Wochen alte Kätzchen wuseln, klettern und springen überall umher. Sie haben ein komplettes Milchgebiss und können von Mutter angeschleppte Beute erlegen. Und sie putzen sich ihre Pelzchen so ausgiebig wie die Großen. Von der siebten Woche an bleibt die Körpertemperatur der Kätzchen weitgehend stabil. Die Kleinen werden aktiver, balgen sich fast unablässig mit den Geschwistern und spielen mit allem, was ihnen in die Pfoten fällt. Gegen Ende der achten Woche stellt die Katzenmutter das Stillen meist ein. Ihr Einfluss endet damit nicht: Was Mama am liebsten mag, wird auch Kätzchens Lieblingsspeise. Nach der achten Woche läuft der Infektionsschutz ab, den die Kätzchen mit der Muttermilch bekommen haben – Zeit für den Check beim Tierarzt und die Erstimpfungen (→ Seite 43).

Lernen fürs Leben

Mit zehn Wochen hat ein Kätzchen seine bleibende Augenfarbe, kann sich so perfekt bewegen wie ein Seiltänzer und hat alle Fertigkeiten, die es als Jäger braucht. Aber immer noch ist das soziale Lernen im Familienverband nicht abgeschlossen. Die Kätzchen sind spielfreudig wie nie, und sie lernen spielend: Sie üben so alle Verhaltensweisen erwachsener Katzen ein – von der freundlichen Begegnung bis zur heftigen Auseinandersetzung. Dabei und im Umgang mit der Mutter lernen sie die Feinheiten der Katzensprache. So können sie sich zum Beispiel darüber verständigen, wer wann wo das »Wegerecht« hat, wie überflüssige Kämpfe zu vermeiden sind und wie man sich mit den Artgenossen arrangiert. Wer eine solche Ausbildung genossen hat, kann sich problemlos in eine neue Familie integrieren.

Mit zwölf, spätestens mit 16 Wochen haben sie alles gelernt. Ihr Sehvermögen ist voll ausgebildet, die Spiele untereinander werden seltener: Auf die Pirsch gehen, Beute beschleichen und fangen ist viel interessanter! Die Milchzähne weichen nach und nach den bleibenden; ein komplettes Erwachsenengebiss haben die Kätzchen aber erst mit einem halben Jahr. Mittlerweile sollten sie vollständig durchgeimpft sein und bereit für das neue Leben: Ein Revier wartet auf die kleinen Eroberer. Und Menschen zum Liebhaben ...

Kätzchens Jagdausstattung

Schwanz

Bei Sprüngen benutzen Katzen ihren Schwanz als »Steuer«, um zielsicher zu landen. Beim Balancieren setzen sie ihn ein wie der Seiltänzer seine Stange. Er ist aber auch Stimmungsbarometer und Ausdrucksmittel.

Ohren

Katzen hören Töne, die wir überhaupt nicht wahrnehmen können, besonders im Hochfrequenzbereich. Weil die Katze ihre Ohrmuscheln um fast 180 Grad drehen kann, fällt es ihr auch sehr leicht festzustellen, woher ein Geräusch kommt. Armes Mäuschen!

Pfoten

Die gut gepolsterten Zehen- und Sohlenballen verleihen Katzen den lautlosen Gang und dienen beim Springen als Stoßdämpfer und Bremshilfe. Die Samtpfoten sind aber auch »Waffenlager«: Die Vorderpfoten sind mit jeweils fünf, die Hinterpfoten mit je vier Krallen ausgestattet. Damit sie beim Laufen nicht abgewetzt werden, stecken sie in Hauttaschen, den Krallenscheiden. Zum Klettern, Kämpfen oder Festhalten werden sie ausgefahren. Damit die Krallen scharf bleiben, wetzt die Katze sie regelmäßig.

Auge

Katzenaugen können gut räumlich sehen und Ziele einschätzen. Dank der Spiegelschicht im Auge sieht der kleine Jäger die Beute auch bei Nacht. Dann wird die Katzenpupille groß und rund, um jedes bisschen Licht einzufangen.

Nase

Den Geruchssinn setzen Katzen kaum zum Aufspüren von Beute ein, sondern zur Überprüfung des Futters. Begegnen sich zwei Katzen zum ersten Mal, beschnuppern sie sich zunächst. Der Nasenspiegel ist zudem ein Wärmesensor: Mit ihm prüft die Katze die Temperatur eines Gegenstandes, bevor sie ihn mit den Pfoten berührt.

Schnurrhaare

Am Maul, über den Augen und an den Rückseiten der Vorderpfoten sitzen Sinnes- oder Tasthaare – das »Katzen-Radar«. Mit ihnen tastet die Katze die Beute ab. Auch spürt sie kleinste Verwirbelungen der Luft und empfängt Berührungsreize. So vermeidet sie im Dunkel Hindernisse und orientiert sich sicher.

EIN TOLLES TEAM

Kätzchens Einzug ist beschlossen. Es wird aufregend für Mensch und Tier. Wenn Sie Kätzchens Eigenheiten kennen, ersparen Sie sich und dem neuen Familienmitglied überflüssigen Ärger von Anfang an.

Mit aller Vorsicht verlieben

Was gibt es noch groß zu überlegen, wenn Ihre Entscheidung für ein Kätzchen feststeht? Eine ganze Menge! Schließlich wollen Sie, dass der neue Hausgenosse gesund ist. Dass er schnell Vertrauen zu Ihnen fasst. Dass er sich gut in die Familie einfügt und keine größeren Erziehungsprobleme bereitet. Und natürlich, dass er bei Ihnen und mit Ihnen glücklich wird. Deshalb zuallererst eine Warnung: Verlieben Sie sich nicht gleich in das erstbeste Kätzchen. Leider ist das ähnlich schwer zu beherzigen wie der Tipp: »Denken Sie bloß nicht an rosa Elefanten!«.

Kätzchen finden ist nicht schwer. Irgendwo hat es bestimmt Katzenkindersegen gegeben. Vielleicht stolpert man beim Ausflug über eine schnurrige Bauernhof-Idylle. Oder man sieht einen Anschlag am Schwarzen Brett im Betrieb oder im Supermarkt. Oder eine Anzeige aus der Rubrik »Tiermarkt« sticht ins Auge: »Süße Katzenbabys in liebevolle Hände abzugeben«. Einfach mal anschauen? Die Gefahr ist groß, dass die »Liebe auf den ersten Blick« Sie blind macht für mögliche Schwierigkeiten. Und damit steigt leider auch die Gefahr, dass Sie nach ein paar Wochen schmerzhaft von Wolke sieben herunterpurzeln.

Ein Kätzchen nur aus gutem Haus!

Besser, Sie informieren sich vor einer Entscheidung, die ein Katzenleben lang halten soll, so gut wie möglich über Kätzchens Hintergrund. Wenn dort alles in Ordnung ist (→ Seite 24/25) und Sie ein gutes Gefühl haben, können Sie getrost den ersten Kontakt schließen und schon mal mit den Vorbereitungen für den Einzug (ab Seite 26) Ihres neuen Familienmitglieds beginnen. Damit Sie sich beide von Anfang an wohl fühlen.

Goldene Regeln für den Katzenkauf

Selbstverständlich ist ein Kätzchen keine Handelsware. Deshalb sprechen Züchter und andere Tierfreunde statt vom Verkauf von »Vermittlung« oder »Platzierung« ihrer Schützlinge. Wie immer Sie es nennen wollen – es gibt ein paar goldene Regeln.

Die Heimat-Regel Suchen Sie sich Ihr Kätzchen dort aus, wo es mit Mutter und Geschwistern lebt und ständig Kontakt zu Menschen hat. So wechselt es von einer Geborgenheit in die andere und bringt einen Grundschatz an Menschenvertrauen mit.

Die Informations-Regel Verzichten Sie nicht auf den Besuch vor Ort, auch wenn man Ihnen das

Kätzchen vorbeibringen will. So können Sie sehen, wie sich Mensch und Tier zueinander verhalten und ob die Katzen scheu oder zutraulich sind.

Die »Bauchgefühl«-Regel Suchen Sie Ihr Kätzchen woanders, wenn Sie nicht davon überzeugt sind, dass die Tiere in einer liebevollen Umgebung aufwachsen. Oder machen Sie sich auf einen etwas komplizierteren Hausgenossen gefasst.

Die »Rasse«-Regel Hände weg von billigen Rassekätzchen! Sie stammen meist von Vermehrern, die in keinem Zuchtverband Mitglied sind und die sich auch nicht an deren strenge Vorgaben (z. B. bezüglich der Deckhäufigkeit oder Gesundheitskontrollen) halten müssen. Adressen von seriösen Züchtern nennen Ihnen die Züchter-Dachverbände (→ Seite 62). Solche Züchter können keine Billigpreise bieten, aber ein für seine Rasse typisches, gesundes und auf den Menschen bezogenes Kätzchen.

Die Sicherheits-Regel Jede Zwischenstation bedeutet Stress für ein Kätzchen und vergrößert sein Infektionsrisiko. Kaufen Sie deshalb nicht in Tierhandlungen – seriöse Zoogeschäfte sehen mittlerweile ohnehin vom Kätzchen-Verkauf ab –, auch nicht auf Katzenausstellungen und Straßenmärkten.

Die Abgabe-Regel Auch wenn Sie Ihr Kätzchen möglicherweise schon viel früher aussuchen können – es sollte mindestens bis zur zwölften Woche bei seiner Mutter bleiben. Das ist nicht nur für seine Entwicklung wichtig (→ Seite 16 bis 19), sondern

So entspannt in der Transportbox? Kein Problem! Wie auch Sie das hinbekommen, erfahren Sie auf Seite 42.

auch für die Gesundheitsvorsorge: So bekommt es den fälligen Gesundheitscheck und einen ersten Impfschutz (→ Seite 42/43) gegen Infektionskrankheiten noch in seinem alten Heim.

Hauptsache gesund!

Einem geimpften und gesunden Kätzchen können Sie Tierarztbesuche in den ersten Wochen ersparen. Achten Sie deshalb auf folgende Punkte:

> neugieriges, interessiertes Verhalten.
> duftiges Fell ohne Knoten und Verfilzungen.
> klare, glänzende Augen und leicht feuchtes Näschen ohne Absonderungen sowie saubere, geruchlose Öhrchen.
> weiße Zähne und korallenrosa Zahnfleisch.
> einen straffen, festen Körper mit weichem, aber nicht schlaffem oder aufgetriebenem Bäuchlein.
> eine saubere Afterregion ohne Verkrustungen.

Wenn Kätzchen Hilfe brauchen

Ungewollter Katzennachwuchs landet vor allem im Sommer oft im Tierheim. Sie tun ein gutes Werk, wenn Sie sich für ein Heimkätzchen entscheiden, müssen aber damit rechnen, dass die Tiere etwas länger brauchen, bis sie Ihnen vertrauen. Die Heime stehen unter tierärztlicher Kontrolle, die Kätzchen werden meist geimpft und gesund abgegeben. Und wenn Ihnen ein mutterloser Streuner bzw. ein ausgesetztes Kätzchen über den Weg läuft? Wenn Ihr Herz spricht, hat es ohnehin wenig Sinn dagegen anzugehen. Wappnen Sie sich aber mit sehr viel Geduld und akzeptieren Sie, dass aus solchen Kätzchen vielleicht nie unbefangene Familienkatzen werden. Und vor allem: Halten Sie das Tier so lange isoliert, bis es geimpft und parasitenfrei ist und der Tierarzt festgestellt hat, dass es nicht an ansteckenden Krankheiten (→ Seite 44/45) leidet.

Eine gute **Katzenkinderstube**

**TIPPS VON
DER KATZEN-EXPERTIN
Brigitte Eilert-Overbeck**

Folgende Punkte zeigen, dass Ihr Kätzchen aus einem »guten Stall« kommt:

DAS KÄTZCHEN bewegt sich in seinem Zuhause neugierig und unbefangen.

DER ZÜCHTER bzw. Katzenhalter hat ein persönliches Verhältnis zu jedem seiner Tiere und teilt die Wohnung mit ihnen.

IN DER KINDERSTUBE wird nicht an Futter, Pflege und Gesundheitsvorsorge gespart.

FUTTER- UND SCHLAFPLÄTZE wie auch die Katzentoiletten sind sauber und hygienisch.

DIE TIERE werden parasitenfrei gehalten und haben bei der Abgabe einen lückenlosen Impfschutz.

EIN KAUFVERTRAG ist selbstverständlich – der Züchter gibt kein Kätzchen ohne Papiere und tierärztliche Gesundheitsbescheinigung ab.

DER ZÜCHTER bzw. der Katzenhalter will wissen, was aus seinen Tieren wird und nimmt sich Zeit, Ihre Fragen ausführlich zu beantworten.

Kätzchens Grundausstattung

Kätzchen sollten beim Einzug jede Menge Liebe vorfinden – und ein paar wichtige Utensilien. Zunächst ist ein wasserdichter Transportbehälter aus Hartplastik oder eine Tranporttasche nötig. Schlägt dem Kätzchen der Transport auf Magen, Darm oder Blase, geht nichts daneben und das Behältnis ist leicht zu reinigen. In dieser »Sänfte« tritt es die Reise in sein neues Reich an, später ist sie bei Tierarztbesuchen (→ Seite 42/43) unverzichtbar. Nie ungesichert im Auto transportieren!

1 Alles für die Schönheitspflege

An Pflegeutensilien benötigen Sie – je nach Fellbeschaffenheit – Metallkamm und Bürste, bei sehr kurzhaarigen Tieren tut's ein Noppenhandschuh. Für Langhaarkatzen brauchen Sie noch ein Trennmesser zum Aufschneiden von Filzknoten. Übrigens: Kämme mit beweglichen Zinken »ziepen« nicht!

2 Tischlein deck dich!

Der Katzentisch besteht aus einer abwaschbaren Matte und pro Katze je einem Napf für Trocken- und Nassfutter. Am besten sind Näpfe aus Keramik oder Edelstahl, Plastiknäpfe bekommen mit der Zeit Risse und werden unhygienisch. Ein Wassernapf gehört auch dazu, er sollte jedoch mindestens 2 m vom Essplatz entfernt stehen: Wie ihre wilden Vorfahren wandern auch Katzen erst nach der Mahlzeit zum »Wasserloch«. Neben dem Wassernapf kann die Schale mit dem Katzengras platziert werden.

3 Für süße Träume

Ein Schlafkörbchen mit Kuschelkissen oder -decke gehört ebenfalls zur Grundausstattung. Oft suchen sich Kätzchen ihren Lieblingsschlafplatz selbst: Halten Sie Decken oder Kissen bereit, die sie dorthin legen, wo es sich sonst noch gern niederlässt.

4 Spielzeug muss sein

Bällchen, Stoff- und Fellmäuse, Säckchen mit Katzenminze – alles, was sich bewegt und bewegen lässt, weder scharf noch spitz ist und nicht verschluckt werden kann, ist als Spielzeug willkommen.

5 Die Katzentoilette

Zwei Katzenklos sind besser als eins, bei zwei Kätzchen sind sogar drei empfehlenswert. Manche Tiere trennen kleines und großes Geschäft, manche mögen nicht auf ein »Örtchen« gehen, das eine andere Katze eben benutzt hat. Kleine Kätzchen bevorzugen Toilettenschalen mit niedrigem Rand (10 cm). Stellen Sie später auf größere, höhere um – dann schaufeln fleißige Scharrer nicht so viel über Bord.

6 Immer im Mittelpunkt: der Kratzbaum

Einen schönen, großen Kratzbaum oder eine gleichwertige Wetzgelegenheit braucht Ihr neuer Hausgenosse selbst dann, wenn er einen Garten mit borkigen Bäumen zur Verfügung hat. Krallenwetzen dient nämlich nicht nur der Körperertüchtigung und Waffenpflege, sondern auch der Reviermarkierung. Besonders auf dem Weg vom Schlaf- zum Futterplatz zeigt eine Katze gern: »Das gehört alles mir!«. Notfalls kratzt sie an den Polstermöbeln. Der Kratzbaum muss groß genug sein, dass sich auch eine erwachsene Katze daran strecken kann. Und standfest! Für einen Stubentiger brauchen Sie ein Modell mit Verzweigungen zum Rauf- und Runterklettern.

Bereit zum Empfang – die letzten Vorbereitungen

Große Ereignisse wollen gut vorbereitet sein. Nehmen Sie sich für Kätzchens Einzug ein paar Tage Urlaub – ein Wochenende ist das absolute Minimum. Die Zeit wird Ihnen bestimmt nicht lang!

Der Empfangsraum Über kurz oder lang wird Ihrem Kätzchen die ganze Wohnung gehören, vielleicht mit Ausnahme Ihres Schlafzimmers. In der fremden Umgebung ist der Neuankömmling aber zunächst verunsichert und flüchtet sich erst mal unter Sofas oder Schränke – vor allem dann, wenn in Teilen der Wohnung Trubel herrscht, und sei es auch nur der ganz normale Familienbetrieb. Wenn es sich irgend einrichten lässt, bereiten Sie zum Einzug deshalb erst mal nur ein Zimmer als Empfangsraum vor. Stellen Sie dort das Kuschelkörbchen in eine geschützte Ecke, von der aus das Kätzchen den Raum gut überblicken kann. Platzieren Sie auch »Katzentisch«, Wassernapf und Katzentoilette zunächst in diesem Raum. Letztere sollte weit weg vom Körbchen und Futterplatz stehen. Zum

Beste Aussichten: Von der Fensterbank aus kann das Kätzchen ins Zimmer schauen oder durch das gesicherte Fenster nach draußen. Und auf dem Lammfell-Kissen liegt sich's einfach prima!

Krallenwetzen tut's im Empfangsraum erst mal eine preiswerte Kratzgelegenheit aus Wellpappe.

Revier-Check Betrachten Sie Ihre Wohnung mit den Augen eines springlebendigen, neugierigen und abenteuerlustigen Kätzchens oder versuchen Sie es zumindest: Alles was sich bewegt oder bewegen lässt, sieht ein Kätzchen als seine legitime Spielbeute an, auch kleine Mode- oder Kosmetikaccessoires wie z. B. die flauschige Puderquaste. Lassen Sie also besser nichts offen liegen, was Ihr Kätzchen nicht in die Pfoten bekommen soll. Dekorieren Sie Borde, Schränke und Regale gern mit allerlei hübschem Schnickschnack? Welch herrlicher Spaß, solche Dinge mit ein paar Pfotenschlenkern auf den Boden zu befördern! Bringen Sie zumindest Ihre zerbrechlichen Schätze lieber in Sicherheit, bis Ihr Kätzchen mit etwa einem dreiviertel Jahr ins gesetztere Alter kommt.

Mit kunstvoll drapierten Gardinen und Vorhängen sollten Sie ähnlich verfahren: Die Einladung zum Klettern ist für die Kleinen unwiderstehlich und Sie sind vermutlich nicht immer zur Stelle, um dem Kätzchen mit einem erzieherischen »Nein!« in die Parade zu fahren.

Der feste Platz Hat sich das Kätzchen ein wenig eingelebt, ist es Zeit zu überlegen, wo die Katzen-Ausstattung endgültig Platz finden soll. Der Futterplatz kommt z. B. in die Küche, das Katzenklo in eine geschützte Nische, der Kratz- und Kletterbaum in die Diele – wenn er nicht im Wohnzimmer von den Polstermöbeln ablenken soll. Und das Schlafkörbchen? Wenn Kätzchen mit in Ihr Schlafzimmer darf, kann es auch dort sein »Bett« haben. Und gern noch eine Kratzgelegenheit, denn Krallenwetzen nach dem Aufstehen gehört zum Katzen-Wohlfühl-Ritual. Sie müssen dann allerdings auf Bett-Besuche gefasst sein. Die Entscheidung liegt bei Ihnen.

Sicherheit im neuen Heim

TIPPS VON DER KATZEN-EXPERTIN Brigitte Eilert-Overbeck

FENSTER UND BALKON Spezialnetze aus Nylongarn machen Balkon und Fenster absturzsicher. Im Spalt von Kippfenstern können sich Kätzchen tödlich verletzen, deshalb unbedingt Kippfenster-Sicherungen (Fachhandel) montieren!

HÖHLEN UND VERSTECKE Kätzchen krabbeln überall hinein. Machen Sie deshalb offene Kamine, Röhren usw. unzugänglich. Gewöhnen Sie sich an, alle Haushaltsgeräte mit Türen und alle Behältnisse mit Deckel stets geschlossen zu halten. Und schauen Sie trotzdem nach, bevor Sie Waschmaschine und Trockner in Betrieb setzen.

STROM Reiben Sie Kabel mit Japanöl ein oder besprühen Sie sie mit »Bitter Apple« (Fachhandel).

GEFAHRGÜTER Halten Sie Medikamente, Putzmittel und andere Chemikalien unter Verschluss. Ebenso Nadeln, Garn, Gummibänder, Plastiktüten (Erstickungsgefahr), Stanniol und Wollfäden (Gefahr für Magen und Darm) und alles, was das Kätzchen verschlucken (Knöpfe, Murmeln) oder woran es sich verletzen kann. Stellen Sie Pflanzen außer Reichweite: Zu viele sind giftig.

Endlich daheim – willkommen Katzenkind!

Jetzt kann das Kätzchen kommen! Vielleicht wird es Ihnen vom Züchter gebracht, sonst holen Sie es am besten zu zweit mit dem Auto ab. Während einer sich aufs Fahren konzentriert, redet der andere dem kleinen Passagier in seiner Transportbox beruhigend zu. Wenn die mit einer Decke oder einem Kissen aus der »alten Heimat« ausgepolstert ist, trägt der vertraute Geruch ebenfalls zur Beruhigung bei. Schließen Sie in der Wohnung Fenster und nach draußen führende Türen und bringen Sie das Kätzchen samt Transportbox erst mal in den vorbereiteten Empfangsraum. Öffnen Sie die Box, setzen Sie sich ganz ruhig hin (am besten auf den Boden) und warten Sie, bis die kleine Samtpfote herausspaziert. Falls Sie sich fürs »Doppelpack« entschieden haben, dürfte das sehr schnell gehen: Gesellschaft macht mutiger. Zeigen Sie dem oder den Kleinen Schlafkörbchen, Futterplatz und Toilette. Verwenden Sie zumindest in den ersten Tagen das gleiche Futter und die gleiche Streu, die schon aus der Katzenkinderstube bekannt ist: Zu viele Veränderungen in zu kurzer Zeit schlagen auf den Magen.

Vertrauen schaffen

Für die ersten Stunden ist Ihr Schauspieltalent gefragt: Tun Sie so, als ob Sie sich kaum für das Kätzchen interessieren. Geben Sie dem Neuankömmling die Chance, von sich aus Kontakt aufzunehmen. Je weniger er sich bedrängt fühlt, desto eher wird er Vertrauen fassen. Spielen Sie ein wenig: Lassen Sie eine Kordel über den Teppich »schlängeln« oder ein Bällchen rollen. Meist dauert es nicht lange, bis das Kätzchen mitspielen will.

Schon bald wird Ihr neuer Hausgenosse auch die übrige Wohnung erkunden wollen. Sorgen Sie dafür, dass er das in aller Ruhe tun kann. Geht es bei Ihnen turbulent zu, haben Sie noch andere Tiere und/oder ist das Samtpfötchen noch sehr schüchtern, braucht es vielleicht das Empfangszimmer noch ein paar Tage als »sicheren Rückzugsraum«. Sonst können Sie die Tür ruhig offen lassen.

Geduld wird belohnt: Wenn das Kätzchen ganz von selbst schnuppern kommt, ist die größte Scheu überwunden.

Von Anfang an ein Dream-Team

Noch fühlt Ihr Kätzchen sich bei Ihnen wie in einer fremden Welt. Sein Vertrauen wächst aber schnell, wenn Sie ein paar ganz einfache Umgangsregeln beachten und damit zeigen, dass Sie den »Katzenknigge« kennen.

Tut gut

+ Sprechen Sie Ihr Kätzchen bei jeder Begegnung, auch vor jedem Streicheln, an. Friedlich gestimmte Katzen gehen nicht »grußlos« aneinander vorüber.

+ Katzen lieben leise Töne, denn laute bedeuten »Zoff« und damit Stress. Sprechen Sie mit ruhiger Stimme und stellen Sie Radio und Fernseher allenfalls auf Zimmerlautstärke oder benutzen Sie Kopfhörer.

+ Bleiben Sie auf dem Teppich! Ihr Kätzchen spielt lieber mit Ihnen, wenn Sie sich zu ihm auf den Boden begeben – Katzen mögen Kontakte auf gleicher Augenhöhe. Abgesehen davon verstehen Sie Ihren kleinen Hausgenossen auch besser, wenn Sie ab und zu seine Perspektive einnehmen.

Besser nicht

– Schauen Sie Ihrem Kätzchen nicht in die Augen. Der »direkte Blick« gilt unter Katzen als höchst unfreundliche Machtdemonstration. Besser: Blickkontakt häufiger durch Wegschauen und Blinzeln unterbrechen.

– Bitte keine »Schmuse-Überfälle«! Überraschende Berührungen oder Bewegungen, die plötzlich von oben kommen, machen Ihrem Kätzchen Angst, denn so fassen Beutegreifer zu. Ebenso fürchtet es sich, wenn es gegen seinen Willen festgehalten wird.

– Heben Sie Ihr Kätzchen nie am Nackenfell auf – Sie könnten es dabei verletzen. Richtiges Aufheben: Eine Hand umfasst den Brustkorb, die andere stützt das Hinterteil.

Heimisch werden – leicht gemacht

Manche Kätzchen schaffen es ganz schnell. Sie streifen einen Tag nach ihrer Ankunft bereits neugierig durch die gesamte Wohnung, merken sich gleich, wo Futternäpfe und Toiletten stehen und suchen sich Lieblingsplätzchen zum Dösen und zum Beobachten. Auf Spielangebote ihres neuen Menschen gehen sie begeistert ein und über kurz oder lang sitzen sie schnurrend und tretelnd auf seinem Schoß. Auf andere zwei- oder vierbeinige Familienmitglieder gehen sie unbefangen zu. Meist handelt es sich bei diesen unkomplizierten Hausgenossen um Rassekätzchen von Züchtern, die sich während der Prägezeit (→ Seite 16–19) besonders viel Mühe mit ihren Tieren gegeben haben.
Die meisten Kätzchen indes brauchen länger, um die neuen Eindrücke zu verarbeiten, sich an unvertraute Gerüche und Geräusche zu gewöhnen und heimisch zu werden.

Sie und Ihre Familie können aber eine ganze Menge tun, um dem Kleinen das Eingewöhnen leichter zu machen:

› Gewöhnen Sie den neuen Hausgenossen langsam an Ihre Gegenwart. Halten Sie sich in seiner Nähe auf, ohne nach ihm zu greifen. Bieten Sie ihm dabei öfter Futter aus der Hand an.

› Sorgen Sie für einen geregelten Tagesablauf und vor allem für pünktliche Mahlzeiten. Das gibt dem Tag Struktur und Ihrem Kätzchen Sicherheit.

› Je ruhiger es bei Ihnen zugeht, desto eher fasst das Kätzchen Vertrauen. Für Trubel sorgt es ganz allein …

› Am besten nichts Neues! Sehen Sie für die nächsten Monate von größeren Wohnungsverschönerungen oder Möbel-Umstellaktionen ab – Ihr Kätzchen hat schon genug Veränderungen zu bewältigen.

› Behalten Sie aus dem gleichen Grund auch die einmal gefundenen und akzeptierten Plätze für die Grundausstattung bei. In aller Regel müssen Sie dem Tierchen nur einmal zeigen, wo was steht.

› Falls es mit der Toilettenbenutzung noch nicht reibungslos klappen sollte: Setzen Sie das Kätzchen frühmorgens, spätabends und nach jeder Mahlzeit ins (saubere) Kistchen.

Familienbande knüpfen

Beziehen Sie auch die übrige Familie ins Eingewöhnungsprogramm ein. Damit erleichtern Sie es dem neuen Hausgenossen, seine Familienbande zu knüpfen. Lassen Sie Kätzchens Mahlzeiten gele-

Viele Eindrücke muss das Kätzchen verarbeiten, bis es sich in seiner neuen Umgebung so richtig heimisch fühlt.

gentlich auch mal von anderen Mitgliedern Ihres Haushalts servieren, damit es nicht nur auf Sie als »Futterspender« fixiert ist.

Katzen und Kinder Halten Sie Ihren Nachwuchs von Anfang an zum behutsamen und rücksichtsvollen Umgang mit dem neuen Familienmitglied an. Zeigen Sie Ihrem Kind, was das Kätzchen gern hat, welche Spiele ihm Spaß machen und wie es angefasst und gestreichelt werden will. Erklären Sie ihm die »Katzensprache« (→ Verhaltensdolmetscher). Und vermitteln Sie ihm, dass der neue Freund beim Fressen, nach der Mahlzeit, beim Schlafen und bei der Körperpflege in Ruhe gelassen werden sollte – wie auch überhaupt, wenn er nicht in Spiel- oder Schmusestimmung ist. Dass Sie Kätzchen und Babys oder Kleinkinder auf keinen Fall miteinander allein lassen sollten, versteht sich von selbst.

Ein Name für das Kätzchen

Liebe Kinder haben laut Sprichwort viele Namen, Ihr Kätzchen sicher auch. Beschränken Sie sich aber auf einen einzigen Rufnamen, sonst droht Verwirrung. Sprechen Sie Ihr Kätzchen beim Spielen, Schmusen und Füttern immer mit seinem Namen an – niemals aber wenn Sie schimpfen, etwas verbieten oder ungehalten sind. Und belohnen Sie es, wenn es auf Ihren Ruf kommt. So verbindet Ihr Kätzchen den Klang seines Namens mit etwas Angenehmem und hört gern darauf. Natürlich sollte der Name auch angenehm klingen. Sehen Sie deshalb lieber von »Einsilbern« ab, die verführen zu leicht zum Kommandoton. Für Kätzchen-Ohren wirkt es anheimelnd, wenn der Katzen-Grußlaut »Murr« anklingt (z. B. Moritz oder Mohrle), aber auch Namen mit den Vokalen »i« und »u« kommen gut an (z. B. Susi, Lilly, Minou, Louis oder – passend für stürmische Köpfchengeber – Zizou).

Goldene Brücken bauen

TIPPS VON DER KATZEN-EXPERTIN
Brigitte Eilert-Overbeck

Kinder lieben Rituale – die Gutenacht-Geschichte zum Beispiel oder den Schmusebesuch im Bett der Eltern. Solche verlässlich wiederkehrenden Freuden geben ein heimeliges Gefühl und stärken das Vertrauen. Für Katzenkinder gilt das Gleiche. Planen Sie deshalb in den Tagesablauf kleine »Katzen-Highlights« ein. Zum Beispiel:

FRÜHMORGENS eine ausgiebige, freundliche Begrüßung, vielleicht kombiniert mit einem Leckerchen (bitte auf die Tagesfuttermenge anrechnen). Der zärtliche Klang Ihrer Stimme ist entscheidend, weniger das Futter.

VOR DEM SCHLAFENGEHEN ein ebenso zärtliches »Gute Nacht«, sobald das Kätzchen es erlaubt, darf dabei ausgiebig geschmust werden. Besonders wichtig, wenn Ihr Schlafzimmer nicht zugänglich sein soll.

ZWISCHENDURCH öfter mal mit einer schönen, weichen Bürste über das Fell gehen, sobald das Kätzchen sich ohne Scheu anfassen lässt.

KÄTZCHEN UND KATZE Das Kätzchen bleibt zunächst in einem separaten Raum. So werden beide langsam mit Geruch und Stimme des anderen vertraut. Reiben Sie vor der ersten Begegnung beide mit einem Kleidungsstück (Pullover) ab, das Ihren Geruch trägt. Daraus wird der »Sippengeruch«. Behandeln Sie Ihre »Nr. 1« aufmerksam wie immer. Sie merkt: Der Neue nimmt mir nichts weg! Und dem Kätzchen fällt es leichter, sich anzupassen und die älteren Rechte der »Großen« zu respektieren.

KÄTZCHEN UND HUND Wo Katzen eher vorsichtig abwarten, stürmt der Hund gleich auf sein Ziel los. Auch haben beide eine ganz unterschiedliche Körpersprache. Doch sie können sich gut verstehen, wenn der Mensch vermittelt. Vor dem ersten Treffen sollten beide mit dem Geruch des anderen vertraut sein. Rubbeln Sie sie mit Tüchern ab und legen Sie diese unter den jeweiligen Futterplatz: So bekommt der Geruch für beide eine positive Bedeutung.

KÄTZCHEN UND NAGETIER Es gibt sie, Freundschaften zwischen Katzen und potenziellen Beutetieren wie Zwergkaninchen. So nah wie hier dürfen sich aber beide nur kommen, wenn der Mensch gut aufpasst und notfalls Schutz bietet.

Die tierischen Mitbewohner kennenlernen

Wenn Sie sich als »Dolmetscher« betätigen und das Kätzchen behutsam und mit viel Geduld mit einem älteren Artgenossen oder Ihrem Hund vertraut machen, kann das der Beginn einer guten Freundschaft sein. Bei anderen Heimtieren ist dagegen Vorsicht angebracht.

Kätzchen und Katze

Bringen Sie Ihr neues Kätzchen zunächst im separaten Raum unter. Lassen Sie die ältere Katze das »Empfangszimmer« inspizieren, während das Kätzchen die Wohnung erkundet. Geben Sie ihr dort ein Futter, das sie besonders schätzt. Sie verbindet so etwas Angenehmes mit dem Geruch des kleinen Neuankömmlings. Rubbeln Sie beide Katzen vor dem ersten »Gipfeltreffen« mit einem von Ihnen getragenen Wollpullover ab. Die Tiere bekommen damit den gleichen »Sippengeruch«, und der verbindet. Loben Sie Ihre erste Katze sehr, wenn sie sich der »Neuen« gegenüber neutral bis freundlich verhält. Lassen Sie beide anschließend aus gegenüberliegenden Futternäpfen – jedes Tier hat seinen eigenen! – fressen. Vielleicht müssen Sie die Prozedur öfter wiederholen, bis die beiden einander akzeptieren.

Kätzchen und Hund

Halten Sie zunächst beide Tiere getrennt. Lassen Sie Ihr Kätzchen die Wohnung samt Hundekorb »besichtigen«, während Ihr Hund Kätzchens Empfangsraum beschnuppert. Wenn er dabei nicht mehr aus dem Häuschen gerät, folgt der nächste Schritt: Rüsten Sie sich mit Hunde-Leckerlis aus, nehmen Sie den Hund an die Leine und öffnen Sie Kätzchens Zimmertür. Konzentrieren Sie sich ganz auf den Hund und geben Sie ihm einen Leckerbissen, wenn er seinerseits das Kätzchen ignoriert. Machen Sie Hund und Kätzchen unter liebevollem Zureden miteinander bekannt. Erzwingen Sie nichts, falls das Kätzchen lieber in seinen Rückzugsraum flüchten will und streicheln Sie es nicht während der Begegnung. Füttern Sie beide, sobald sie die Anwesenheit des anderen einigermaßen entspannt dulden, an getrennten Plätzen. Unterbinden Sie es schon im Ansatz, wenn der Hund auf das Kätzchen losstürmen will, loben Sie ihn aber umso mehr, wenn er sich dem neuen Mitbewohner behutsam nähert.

Kätzchen und Kaninchen

Große Kaninchen und sanftmütige Katzen lassen sich mit viel Geduld aneinander gewöhnen. Die erste Bekanntschaft mit dem Kätzchen freilich sollte Ihr Langohr in der Sicherheit seiner »Schutzburg« machen. Machen Sie dem Kätzchen von Anfang an klar, dass selbst spielerische Jagdversuche nicht geduldet werden.
Die »Duftübertragung« (Abrubbeln mit dem getragenen Wollpullover) trägt dazu bei, dass sich Kätzchen und Karnickel entspannter begegnen. Behalten Sie die beiden trotzdem immer im Auge, wenn sie sich ohne Barrieren näher kommen. Bedenken Sie, dass die Tiere ein unterschiedliches Sozialverhalten haben. Kaninchen gehen sanft mit ihren Artgenossen um, Katzen dagegen gehen im Spieleifer schon mal ruppig zur Sache. Das wiederum würde ein Kaninchen als feindlichen Angriff verbuchen. Vermeiden Sie solche Situationen besser.

GESUND UND MUNTER

Im Idealfall ist das Kätzchen vom Tierarzt für gesund befunden und mit den nötigen Impfungen ausgestattet worden. Beste Voraussetzungen, in Ihrer Obhut viele Jahre glücklich zu leben.

Auf ein schönes, langes Leben!

Gesundheit ist ein kostbares Geschenk. Und das will auch bei Kätzchen sorgfältig gepflegt sein. Große Mühe macht das nicht, und die wichtigste Voraussetzung bringen Sie schon mit: Liebe und Zuneigung! Denn liebevolle Berührungen sind für kleine Katzen ebenso wichtig wie für Menschenkinder. Die berühmten Streicheleinheiten stärken erwiesenermaßen auch bei Tieren das Immunsystem. Streicheln Sie also fleißig!

Die zweite Voraussetzung: Aufmerksamkeit. Überprüfen Sie regelmäßig, ob Kätzchens Augen klar sind, ob es sich regelmäßig putzt und sein Fell glänzt. Ob es guten Appetit hat und regelmäßig verdaut. Und ob es so munter, unternehmungslustig und neugierig wie immer ist – all das spricht für eine stabile Gesundheit.

Dazu trägt auch eine ausgewogene Ernährung (→ Seite 38/39) bei: Richtig ernährte Kätzchen haben eine Top-Kondition und die besten Voraussetzungen, zu munteren, gesunden Katzen mit leistungsfähigen Organen, geschmeidigen Muskeln und einem stabilen Knochengerüst heranzuwachsen.

Pflegen und vorbeugen

Gute Pflege und ein gepflegtes Drumherum (→ Seite 40/41) sind ein weiterer Schlüssel zur Gesundheit des kleinen Hausgenossen. Und auch wenn Ihr Kätzchen von Praxisbesuchen nicht begeistert sein wird, die Unterstützung eines kompetenten Tierarztes (ab S. 42) ist unumgänglich. Mit seiner Hilfe verhindern Sie, dass Infektionen der kleinen Samtpfote gefährlich werden, dass Parasiten sie belästigen oder dass sich Störungen zu Katastrophen auswachsen. Damit aus dem gesunden Kätzchen in Ihrer Obhut eines Tages ein ebenso gesunder, putzmunterer Katzensenior wird.

Gesund ernährt von Anfang an

Wilde Katzen jagen kleine Tiere, sie fressen also hauptsächlich Fleisch. Doch an der Beute ist noch mehr dran bzw. drin: Fell, Haut und Knochen sowie Magen- und Darminhalt, der aus vorverdauten Pflanzen, vor allem Getreide, besteht. All das macht das Beutetier zur Vollwertkost, die alle wichtigen Nährstoffe in einem ausgewogenen Verhältnis bietet: tierisches Eiweiß und Fett, relativ wenig Kohlenhydrate, Vitamine, Mineralstoffe und Spurenelemente.

Ernährungsgrundlage Fertigfutter Für unsere Haus- und Wohnungskatzen sind passende Beutetiere (zum Glück!) knapp. Auf Vollwertkost müssen sie trotzdem nicht verzichten: Hochwertiges Fertigfutter enthält ebenfalls alle wichtigen Nährstoffe im richtigen Verhältnis. Für Kätzchen im ersten Lebensjahr ist Junior-Futter die beste Wahl, denn es ist auf ihren erhöhten Eiweiß- und Energiebedarf zugeschnitten. Viel Eiweiß, vor allem die essenzielle Aminosäure Taurin, brauchen Kätzchen, damit sich Muskeln, Sehkraft und Gehirn optimal entwickeln. Für die nötige Energiezufuhr sorgen Kohlenhydrate und tierische Fette. Die Letzteren benötigen Kätzchen auch zum Aufbau der essenziellen Fettsäuren. Vitamine, Mineralstoffe und Spurenelemente sind wichtig für kräftige Zähne und Knochen, gesunde Haut, ein schönes Fell und ein leistungsfähiges Immunsystem. Schließlich enthält das Futter noch Ballaststoffe – für eine gesunde Verdauung.

Hausmannskost zur Abwechslung Mageres Muskelfleisch, Herz, Fisch oder Geflügel eignen sich gut als Katzenkost. Dazu etwas Reis oder fein zerdrücktes Gemüse, immer gekocht, denn pflanzliche Rohkost kann der Katzen-Organismus nicht verwerten. Bitte mit nur einem Drittel der für uns üblichen Menge Salz würzen!

Das richtige Getränk Etwas Milch fürs Kätzchen? Bitte nicht, Wasser ist besser! Viele Katzen bekommen vom Milchzucker Durchfall. Ausnahme: »Kat-

Gesunde Nascherei: Hin und wieder ein kleiner Klecks Joghurt oder Quark – gern auch mal direkt von Frauchens Finger geschleckt.

Trotz aller Scheu vor Wasser: Wie ihre wilden Verwandten trinken frei laufende Katzen gern am Bach- oder Teichufer.

Zum Thema **Trockenfutter**

ERNÄHRUNG mit Trockenfutter ist einfach, praktisch und vollwertig, gut für die Zähne – und trotzdem für viele Kätzchen nicht geeignet. Dem Futter wurde die Feuchtigkeit weitestgehend entzogen. Damit es nicht zu Nierenproblemen kommt, muss das Defizit durch Trinken ausgeglichen werden.
LEICHT GESAGT! Katzen sind von Natur aus eher sparsame Trinker. Geben Sie also lieber den größten Teil der Nahrung als Feuchtfutter und verwenden Sie Trockenfutter als Ergänzung.
STELLEN SIE mehrere Wassernäpfe bereit und schauen Sie beim Kauf auf die Packung: Bei hochwertigem Trockenfutter steht unter der Rubrik »Zusammensetzung« die Fleischsorte an erster Stelle. Sie sollte im zweistelligen Prozentbereich liegen.

zenmilch« mit reduziertem Laktose-Gehalt. Aber sie ist eher Nahrungsmittel als Getränk.
Die kleinen Extras Ab und zu eine Messerspitze Butter oder ein übers Futter gebröckeltes Eigelb liefern wertvolle Fette und Vitamine. Eine kleine Portion Joghurt oder Hüttenkäse von Zeit zu Zeit ist gut für die Darmflora und wird anders als Milch von Kätzchen problemlos vertragen. Im Handel gibt es allerlei Katzen-Leckerchen. Sie sind als Belohnungshäppchen nützlich, sollten aber sparsam verwendet werden: Auf Dauer gesehen gehen sie nämlich ganz schön auf die Figur.

Ernährungsfahrplan für Kätzchen

Quirlige Kätzchen verbrennen kalorienreiches Futter problemlos. Theoretisch dürfen sie deshalb futtern, soviel sie wollen. Ein paar Richtlinien sind aber doch nützlich (hier auf Fertigfutter basierend).
› Bis zum Alter von 4 Monaten und einem Gewicht von 0,5–1,0 kg wird die Tagesration auf fünf Mahlzeiten à 60–75 g im Abstand von jeweils 3–4 Stunden verteilt. Sind Sie tagsüber außer Haus, stellen Sie 30 g hochwertiges Trockenfutter als Ersatz für zwei Nassfutter-Mahlzeiten hin.
› Mit 5–6 Monaten und 1,5–3 kg Gewicht gibt es vier Mahlzeiten im Abstand von 4–5 Stunden zu je 75–100 g, Berufstätige stellen 40 g Trockenfutter als Ersatz für zwei Nassfutter-Mahlzeiten hin.
› Ab 7 Monaten darf es dann wieder eine Mahlzeit weniger und 1 Stunde mehr Abstand dazwischen sein, Portion pro Mahlzeit etwa 150 g.
› Mit 9 Monaten gibt es – wie bei ausgewachsenen Tieren – zwei Mahlzeiten à 150–200 g.
› Ab 12 Monaten gibt es dann Adult-Futter.
Alle Angaben sind grobe Richtlinien: Der Bedarf kann – je nach Aktivität, Kondition und Gewicht – bis zu 50 Prozent darunter oder darüber liegen.

Gepflegtes Kätzchen – gesunde Katze

Gut drei Stunden am Tag verwenden wilde Katzen darauf, sich zu putzen. Nicht aus Eitelkeit: Der Jäger tilgt so verräterische Gerüche, hält sein Fell glatt, damit er nirgends hängen bleibt, pflegt seine Waffen und hält sich mit der »Putz-Gymnastik« in Form. Alles in allem: Das Putz-Programm ist überlebenswichtig und deshalb mit einer guten Portion Lust ausgestattet.

Auch Ihr Kätzchen pflegt sich mit Wonne. Ihre Unterstützung ist trotzdem wichtig. Nicht nur als willkommene Zuwendung: Sie haben so seinen Gesundheitszustand gut im Blick und merken schnell, wenn etwas nicht stimmt.

Fellpflege Machen Sie Ihr Kätzchen frühzeitig mit Kamm und Bürste vertraut. Abgebürstete lose Haare muss Ihre Samtpfote beim Putzen nicht mehr

schlucken. So können sie sich in Magen und Darm nicht zu lästigen Haarballen verklumpen. Und sie landen nicht auf Kleidung, Sesseln oder Teppichen.

› Kurzhaar-Kätzchen kämmt man ein- bis zweimal pro Woche (beim Fellwechsel im Frühjahr und Herbst öfter) sanft von Kopf bis Schwanz. Bauch, Achsel- und Geschlechtsbereich nicht vergessen. Anschließend lose Haare abbürsten. Kämmen Sie mit dem Strich und benutzen Sie einen Kamm mit beweglichen Zinken. Er holt mehr »Wolle« heraus ohne zu ziepen.

› Bei Siamesen und Orientalen mit superkurzem Fell reicht oft abledern: Feuchten Sie ein feines Fensterleder mit warmen Wasser an, wringen Sie es aus und reiben sie den Körper damit ab.

› Bei Langhaar-Kätzchen machen Sie die Fellpflege am besten zum täglichen Ritual. So können Sie kleine Knötchen mit sanfter Hand entwirren, bevor sie sich verfilzen. Kombinieren Sie die Frisierstunde mit Streicheleinheiten und reichen Sie zum guten Schluss ein Belohnungshäppchen.

Augen und Ohren Verkrustungen im Augenwinkel lassen sich mit einem angefeuchteten Papiertuch oder einem feuchten Reinigungstuch (Fachhandel) entfernen. Wischen Sie damit auch gelegentlich die Ohrmuscheln aus. Schmutz, unangenehmer Ohrengeruch und häufiges Kopfschütteln weisen auf Milbenbefall hin. Dann heißt es: Ab zum Tierarzt!

Zähne Zahnbeläge erkennen Sie an Verfärbungen und Mundgeruch. Zur Vorbeugung Zähne mit einer Spezialbürste putzen (lässt nicht jede Katze zu) und hochwertiges Trockenfutter reichen. Lassen Sie bei den Impfterminen auch das Gebiss kontrollieren und gegebenenfalls Zahnstein entfernen.

Körperpflege macht Spaß! Das Kätzchen putzt sich täglich etwa dreieinhalb Stunden lang – genau wie die Großen.

Mit einem feuchten Reinigungstuch lassen sich Verkrustungen im Augenwinkel oder »Schlafdreck« leicht entfernen.

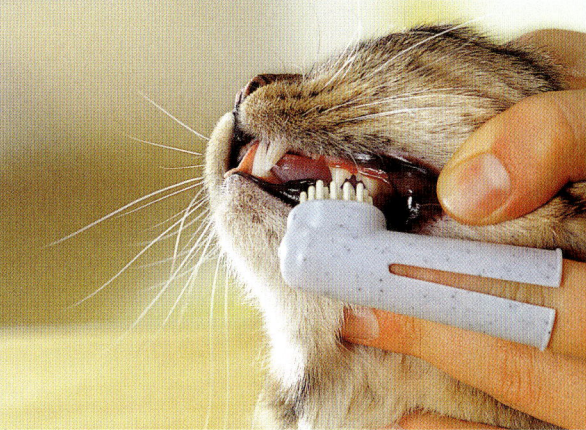

Sehr brave Kätzchen gestatten sogar das Zähneputzen mit einer Spezialzahnbürste und -zahnpasta mit Fischgeschmack.

Krallen Wetzen ist die beste Krallenpflege! Auch das »Nägelschneiden« an den Hinterpfoten besorgen Katzen selbst, indem sie abgestorbene Krallenhülsen mit den Zähnen entfernen. Krallen kürzen ist nur nötig, wenn sie gar nicht abgenutzt werden und einzuwachsen drohen oder die Katze mit ihnen hängen bleibt. Der Tierarzt zeigt, wie es geht.

Das gepflegte Drumherum

Katzen schätzen Reinlichkeit auch in ihrem Umfeld. Ihr Kätzchen fühlt sich wohl, wenn
› es jede Mahlzeit in sauberen Näpfen serviert bekommt und am Futterplatz keine Reste liegen.
› Sie sein Schlafkissen öfter frisch beziehen – Katzen liegen liebend gern auf frischer Wäsche.
› sein »Kistchen« sauber ist. Das bedeutet: Saugfähige Streu etwa 5 cm hoch einfüllen, Häufchen so bald wie möglich entfernen, Streu täglich von nassen Bestandteilen reinigen und auffüllen. Einmal pro Woche das Katzenklo heiß ausspülen und mit einer Bürste schrubben.

› Sie ihm Parasiten (› Seite 44) vom Leib halten. Achten Sie beim Kämmen auf »Passagiere« und entfernen Sie Zecken mit der Zeckenzange. Bei Flohbefall auch die Wohnung behandeln: Liegeplätze und Vorhänge bis 1 m Höhe mit Floh-Umgebungsspray besprühen, Decken und Kissen oft waschen. Flohpulver in den Staubsaugerbeutel füllen und täglich saugen, um alle Flöhe zu erwischen.

Floh-Test

KÄMMEN UND BÜRSTEN Sie das Kätzchen auf einer hellen Unterlage (Bogen Papier) und ausnahmsweise auch mal kurz gegen den Strich. **BLEIBEN RÜCKSTÄNDE** im Kamm oder fallen schwarze Krümel aus dem Fell? Streichen Sie mit feuchten Fingern darüber. Blutrote Wischspuren kommen von Flohkot. Beim Tierarzt gibt's für Jungtiere verträgliche und leicht anzuwendende Mittel.

Zum Tierarzt? Kein Problem!

Was passiert, wenn die Katze zum Tierarzt muss? Jeder Katzenhalter weiß, was die Samtpfote anstellt, ehe man sie in die Box bekommt! Sie versteckt sich, flieht und schlägt mit ausgefahrenen Krallen um sich. **Entspannt in der Box** Gewöhnen Sie Ihr Kätzchen also besser bereits an die Transportbox, bevor ein Tierarztbesuch ansteht. Legen Sie Decke oder Kissen hinein, stellen Sie den Behälter mit offener Tür auf den Boden – und kümmern Sie sich nicht mehr darum. Irgendwann sitzt der kleine Höhlenforscher drin. Lassen Sie ihn durch die Schlitze nach einem Spielzeug tatzen und loben Sie ihn. Schließen Sie kurz die Tür, loben Sie Ihr Kätzchen noch mehr und reichen Sie ihm einen Leckerbissen durch das Gitter. Öffnen Sie die Tür wieder und beschäftigen Sie sich mit etwas anderem. Wiederholen Sie das öfter und tragen Sie die Box mitsamt Kätzchen ein wenig herum. Belohnen Sie es, wenn es sich in der Box angstfrei verhält, und ignorieren Sie es kurz, wenn es den Behälter verlässt. Mit viel Lob und Leckerbissen lässt sich manches Kätzchen sogar zum Einsteigen auf Aufforderung motivieren.

Gesundheitsvorsorge und Kontrolle

Auch eine kerngesunde Katze sollte mindestens einmal im Jahr zum Tierarzt – zur allgemeinen Untersuchung, eventuell auch für eine vorbeugende Wurmkur und zum Impfen (→ Impfplan). Lassen Sie sich von Ihrem Tierarzt beraten, welchen Infektionsschutz Ihr Kätzchen braucht.

Katzenseuche Das Parvovirus ist sehr zäh und auch für Katzen ohne Kontakt zu Artgenossen eine Gefahr. Nur impfen bietet Schutz. Ein Muss!

Katzenschnupfen Wird übertragen durch Herpes- und Calici-Viren und verursacht schwere Atemwegserkrankungen. Unbedingt impfen lassen!

Leukose Das »Feline Leukosevirus« (FeLV) wird durch Tröpfcheninfektion von Katze zu Katze über-

Zum Tierarzt sollen wir? Wenn unser Mensch es ruhig angeht, lassen wir uns auch ohne Theater in die Transportbox verfrachten …

tragen und kann unheilbaren Blutkrebs auslösen. Katzen mit Kontakt zu Artgenossen impfen lassen!

FiP Erreger der »Felinen infektiösen Peritonitis« sind Corona-Viren, die Ansteckung erfolgt von Tier zu Tier. Die unheilbare Erkrankung verursacht Wasseransammlungen in der Bauchhöhle, Atemstörungen und schwere Organschäden. Das Kätzchen muss vor der Impfung »zero-negativ« getestet sein.

Chlamydien Die Infektion führt zu schweren Bindehautentzündungen. Sie bedroht vor allem Katzen, die mit vielen Artgenossen auf engem Raum leben.

Tollwut Die tödliche Virusinfektion wird durch den Speichel infizierter Tiere (z. B. Nager) übertragen. Frei laufende Katzen brauchen die Impfung unbedingt, bei Auslandsreisen müssen auch Wohnungskatzen gegen Tollwut geimpft sein.

Ein Pass fürs Kätzchen

Impfpässe waren gestern, heute ist für Reisen innerhalb der EU der EU-Heimtierpass vorgeschrieben. Neu: Der »Passinhaber« bekommt eine Kennzeichnungsnummer. Sie wird tätowiert (noch bis 2011 zulässig) oder als winziger Chip unter die Haut injiziert und bei Kontrollen mit dem Lesegerät abgeglichen. »Chippen« ist schmerzlos und erfordert, anders als die Tätowierung, keine Narkose. Die Kennzeichnung ist nicht nur empfehlenswert, wenn das Kätzchen mit auf Reisen gehen soll. Lassen Sie ein frei laufendes Kätzchen unbedingt chippen und bei den Zentraldateien (Tasso, Deutsches Haustierregister, → Seite 62) registrieren. Die Chancen, eine vermisste Katze wiederzufinden, sind bei einem gechippten und registrierten Tier sehr viel größer.

Impfplan für das Kätzchen

IMPFUNG	GRUNDIMMUNISIERUNG			AUFFRISCH-IMPFUNG
	1. Impfung im Alter von	Wiederholung im Alter von	Abschlussimpfung im Alter von	
KATZENSEUCHE	8 Wo.	12 u. 16 Wo.	15 Mon.	alle 1–2 Jahre*
KATZENSCHNUPFEN	8 Wo.	12 u. 16 Wo.	15 Mon.	alle 1–2 Jahre*
LEUKOSE	9–10 Wo.	12–14 Wo.	15 Mon.	jährlich
FIP	16 Wo.	20 Wo.	15 Mon.	jährlich
TOLLWUT	12 Wo.	16 Wo.	16 Mon.	alle 1–3 Jahre*
CHLAMYDIEN	8–9 Wo.	11–13 Wo.	15 Mon.	jährlich

Wo. = Wochen, Mon. = Monate   *je nach Impfstoff

HINWEIS Bei erwachsenen Tieren mit geringem Infektionsrisiko (z. B. Wohnungskatzen ohne Kontakt zu Artgenossen) darf der Abstand zwischen den Auffrisch-Impfungen gegen Katzenseuche, Katzenschnupfen und Leukose eventuell größer sein. Sprechen Sie mit Ihrem Tierarzt. Lassen Sie Ihre Katze rechtzeitig impfen, falls Sie mit ihr verreisen oder zu Ausstellungen gehen. Der Impfschutz baut sich erst allmählich auf.

Krankes Kätzchen – was tun?

Wird das Kätzchen doch einmal krank, findet sich meist rasch eine wirksame Medizin.

Parasiten – die Plagegeister Plagt sich Ihr Kätzchen mit Bauchschmerzen, Erbrechen und Durchfall, steckt oft Wurmbefall dahinter. Meist handelt es sich um Spulwürmer, es kann aber auch ein Bandwurm sein: Das Kätzchen infiziert sich durch Verzehr von Mäusen, rohem Fisch oder Fleisch oder wenn es einen infizierten Floh zerbeißt und herunterschluckt. Besorgen Sie sich ein Wurmmittel vom Tierarzt, desinfizieren Sie das Katzenklo mit einem für Katzen verträglichen Mittel (Fachhandel) und achten Sie auf Hygiene – Würmer machen auch vor uns nicht halt. Regelmäßige Wurmkuren (für Freigänger drei- bis viermal, für Wohnungskatzen ein- bis zweimal jährlich) bieten Schutz. Exzessives Kratzen ist ein Zeichen für Hautparasiten, meist Flöhe (→ Seite 40/41). Die quälen nicht nur das Kätzchen und übertragen u. a. Bandwürmer, sie beißen auch uns. Arg verflohte Tiere muss man vielleicht baden. Oft reichen auch Nackentropfen oder andere Mittel. Fragen Sie den Tierarzt! Ungezieferhalsbänder vertragen viele Katzen nicht.

Gefährliche Krankheiten

Mensch in Gefahr? Katzen stecken Menschen selten mit ihren Krankheiten an, aber es gibt Ausnahmen.

Toxoplasmose Katzen infizieren sich über rohes Fleisch (z. B. Mäuse). Sie scheiden dann mit dem Kot Erreger aus, die für schwangere Frauen gefährlich sein können und das Ungeborene schädigen. Gut 40 % der Frauen sind aber aufgrund einer unbemerkt gebliebenen Infektion immun. Für sie und ihren Nachwuchs besteht keine Gefahr. Ein Toxoplasmose-Test beim Arzt verschafft Klarheit. Vorbeugung: Kein rohes Fleisch verfüttern, Katzenkot schnell entfernen (die Erreger werden nach 48 Stunden aktiv), Katzenklo mit Handschuhen reinigen.

Wer so hellwach und neugierig in die Welt blickt, erfreut sich bester Gesundheit. Parasitenschutz ist aber nötig.

Hautpilz Abgebrochene Haare, kahle Stellen im Fell, schuppige Flecken, Entzündungen und Juckreiz deuten auf eine Pilzerkrankung hin. Sie erfordert neben Medikamenten einige Vorsichtsmaßnahmen: Alles, womit das Kätzchen in Berührung gekommen ist, muss desinfiziert werden. Haut- und Fellkontakt ist verboten: Streicheln nur mit Handschuhen!

Tollwut Wurde ein Mensch von einem infizierten Tier gebissen, rettet ihn nur die sofortige Notbehandlung. Für Tiere gibt es keine Hilfe. Wie gut, dass die Impfung zuverlässig schützt!

Gute Besserung: die Krankenpflege

Wenn Ihr Kätzchen sich nicht wohl fühlt, wird es sich zurückziehen. Respektieren Sie sein Ruhebedürfnis und schauen Sie unauffällig nach ihm. Falls der kleine Patient eine Infektion hat und noch andere Tiere im Haus sind, muss er isoliert werden.

› Polstern Sie einen flachen Karton mit Kissen aus (Bezüge oft wechseln!) und stellen Sie ihn im »Krankenzimmer« an einen ruhigen, zugfreien Platz.

› Stellen Sie Futter, Wasser und (in gebührender Entfernung) ein Extra-Katzenklo in die Nähe.

› Ihre Stimme ist ein Heilfaktor! Reden Sie Ihrem Samtpfötchen immer wieder ruhig und freundlich zu, vor allem, wenn Sie ihm ans Fell gehen müssen.

› Seine Medikamente akzeptiert das Kätzchen am ehesten, wenn sie in Leckerbissen versteckt sind. Falls das nicht klappt: Lassen Sie sich vom Tierarzt zeigen, wie Sie die Medizin verabreichen.

› Fieber messen geht am besten zu zweit: Einer hält das Tierchen an Schultern und Vorderpfoten fest, der andere führt das eingefettete Thermometer in den After ein. Normaltemperatur: 38–39 °C.

› Holen Sie bei Notfällen (→ Seite 46) sofort professionelle Hilfe (Tierarzt, Notdienst). Und bewahren Sie Ruhe, um das ängstliche Kätzchen zu beruhigen.

Das ist ein guter **Tierarzt**

TIPPS VON
DER KATZEN-EXPERTIN
Brigitte Eilert-Overbeck

Sie bekommen jede Menge Tipps, wenn Sie nach einem guten Tierarzt für Ihr Kätzchen suchen – von anderen Katzenfreunden, Zuchtverbänden, Tierschutzvereinen und übers Internet. Letztlich ist aber Ihr eigener Eindruck entscheidend. Sie müssen den »Partner fürs Katzenleben« sympathisch finden – wenn Ihr Kätzchen das (höchstwahrscheinlich) schon nicht tut. Achten Sie beim Besuch der Praxis auf folgende Punkte:

DIE PRAXIS macht einen gut organisierten Eindruck. Auch wenn viel zu tun ist, wirkt niemand überfordert. Das Empfangspersonal ist freundlich und aufmerksam.

DER TIERARZT spricht nicht nur mit Ihnen, sondern auch mit Ihrem Kätzchen.

DER TIERARZT UND SEINE HELFER kennen die richtigen Griffe und brauchen so gut wie keinen Zwang anzuwenden.

DER TIERARZT NIMMT SICH ZEIT, auf Ihre Fragen zu antworten, zu erklären, was er macht und Ihnen genau zu sagen, wie Sie die Behandlung Ihres Kätzchens am besten unterstützen.

Die wichtigsten **Krankheits-Symptome** und ihre **Behandlung**

KRANKHEIT, SYMPTOM	WAS TUN?	WANN ZUM TIERARZT?
APPETITLOSIGKEIT	eventuell Futter erwärmen	nach spätestens 2 Tagen
AUGE BLEIBT GESCHLOSSEN	wie bei Bindehautentzündung	nach spätestens 24 Std.
BEWEGUNGSSTÖRUNGEN MASSIV (taumeln, einknicken)		Sofort!
BINDEHAUTENTZÜNDUNG, TRÄNENDES AUGE	Augenwinkel mit Fencheltee reinigen, Zugluft meiden	nach spätestens 2 Tagen
ERBRECHEN, DURCHFALL	Futter prüfen, evtl. Fleischbrühe oder Kartoffelbrei geben, Allgemeinzustand beobachten	nach spätestens 24 Std.
ERBRECHEN/DURCHFALL MIT BLUT, SCHAUM ODER SCHLEIM		Sofort! Notfall!
HAUTAUSSCHLAG	auf Ungeziefer kontrollieren, evtl. Trockenfutter reduzieren	spätestens nach 1 Woche
HUMPELN	Allgemeinzustand beobachten	nach 2 Tagen
HUSTEN	Allgemeinzustand beobachten	bei auffälliger Häufigkeit
HUSTEN UND/ODER NIESEN, FIEBER, ATEMBESCHWERDEN	Katze warm halten	Sofort!
KRÄMPFE	Decke überwerfen, aufpassen, dass die Katze sich nicht verletzt	Unverzüglich!
NICKHAUTVORFALL; 3. LID BEI GEÖFFNETEN AUGE SICHTBAR	Allgemeinzustand beobachten, mehrere Ursachen möglich	so bald wie möglich
SPEICHELN, MÄULCHEN REIBEN	Mäulchen durch Druck auf die Mundwinkel öffnen, gegebenenfalls Fremdkörper entfernen	bei anhaltendem Problem unverzüglich
UNFALLVERLETZUNGEN	Katze vorsichtig aus der Gefahren- zone bringen, wenig bewegen	Sofort! Notfall!
VERSTOPFUNG	Trockenfutter meiden, Butter oder Ölsardine anbieten, evtl. - Teel. Paraffinöl unters Futter mischen	nach spätestens 24 Std.
VERSTOPFUNG MASSIV, ERBRECHEN, HARTER BAUCH		Sofort! Notfall!
VERHALTENSÄNDERUNG (APATHIE, AGGRESSIVITÄT)		Sofort!

Was kann die alternative Medizin?

Alternative Heilverfahren bis hin zu »Hausmitteln« (Kräuter, Umschläge usw.) können auch für kleine Samtpfoten in vieler Hinsicht hilfreich sein. Vorausgesetzt, der Therapeut weiß nicht nur über sein Gebiet Bescheid, sondern kennt sich auch mit Katzen aus. Bedingung ist auch, dass er seine Grenzen kennt. Denn: Am Tierarzt führt für Kätzchen kein Weg vorbei, schon wegen der notwendigen Impfungen. Neben Tierheilpraktikern und -therapeuten bieten sogar manche Tierärzte als Ergänzung zur Schulmedizin alternative Therapien an. Diese sollen Selbstheilungskräfte aktivieren, Energieblockaden lösen und das innere Gleichgewicht wiederherstellen.

Die wichtigsten alternativen Heilmethoden

Homöopathie Sie bekämpft Krankheiten nicht mit Gegengiften, sondern nach dem Prinzip »Gleiches heilt Gleiches«. Dazu werden äußerst niedrig dosierte Wirkstoffe benutzt, die in höherer Dosierung beim Gesunden ein ähnliches Krankheitsbild hervorrufen würden. Beim Kranken dagegen sollen sie den Organismus zur Heilung »anreizen«. Katzen und Kätzchen mit Allergien, Ekzemen, Bronchitis oder Erkältungskrankheiten und anderen Infektionen sprechen offenbar gut auf homöopathische Arzneimittel an. Auch bei allgemeiner Schwäche und Appetitlosigkeit können sie hilfreich sein.
Bachblüten-Therapie Die Energie bestimmter Blüten wirkt positiv auf die Psyche von Mensch und

Tier. Davon ging der Begründer der Therapie, Dr. Edward Bach, aus. Seine These: Jedes organische Leiden geht mit einer Störung der Psyche einher. Ist die behoben, verschwinden die Krankheitssymptome. Wissenschaftlich lässt sich die Wirkung der Blütenessenzen nicht beweisen, allerdings berichten viele Katzenhalter von Erfolgen. Insbesondere die »Notfalltropfen« (Rescue Remedy) scheinen selbst sehr aufgeregte oder verstörte Tiere zu beruhigen.
Akupunktur Die traditionelle chinesische Medizin lehrt, dass der Energiestrom im Körper in bestimmten Bahnen fließt, den Meridianen. Krankheit heißt: Der Fluss ist gestört. An bestimmten Hautstellen, den Akupunktur-Punkten, kann er durch Reizung (Akupunkturnadeln, Laserstrahl) angeregt werden, damit die Energie wieder fließt. Bei Katzen setzt man Akupunktur vor allem bei Erkrankungen des Bewegungsapparats und zur Schmerzlinderung ein, aber auch bei Bluterkrankungen und Immunschwäche.

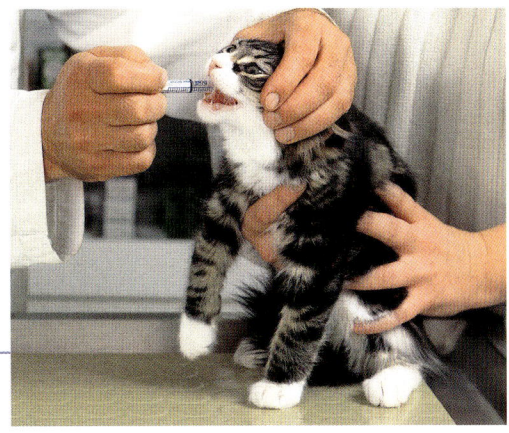

Sanfte Gewalt: Medikamenteneingabe mit der Einwegspritze (ohne Nadel).

GUTES MITEINANDER

Sie haben Ihr Kätzchen lieb. Das ist schon einmal gut für eine harmonische Beziehung. Damit Sie beide glücklich und zufrieden miteinander leben, braucht es jedoch auch Verständnis und klare Regeln.

Beziehungspflege leicht gemacht

Katzen machen, was sie wollen. Will der Mensch etwas ganz anderes, kann das in der Wohngemeinschaft zu Konflikten führen. Schließlich stehen sich da zwei gegenüber, die gleiche Rechte haben. Mit anderen Worten: Ihnen gehört zwar die Wohnung – aber auch Ihr Kätzchen fühlt sich als Revierbesitzer. Zwei Chefs – und beide erwarten, dass ihre Regeln gelten. Bestehen beide unnachgiebig auf ihrem Recht, ist der Zoff vorprogrammiert. Sie schimpfen über Krallenspuren an Polstermöbeln und Tapeten. »Erfolg«: Der kleine Sonnenschein fühlt sich schikaniert. Lassen Sie ihm dagegen alles durchgehen, schwingt der kleine Boss sich zum Alleinherrscher auf. Weder Sie noch Ihr Kätzchen werden glücklich dabei.

Kompromisse sind also gefragt. Und da gibt es eine wirklich gute Nachricht: Wenn Sie ein wenig Aufmerksamkeit, Geduld und Verständnis in die Beziehungspflege investieren, ist Ihr Kätzchen gern bereit, sich mit Ihnen zu arrangieren und bestimmte Regeln zu akzeptieren. Das liegt ihm im Blut, denn auch die wilden Verwandten, die sich ein Revier teilen, handeln miteinander Regeln aus. Dabei kommt es zwar schon mal zum Einsatz von Krallen und Zähnen. Sind die Beziehungen aber geklärt, heißt die Devise unter Katzen: Leben und leben lassen.

Erziehung, Spiel und Zärtlichkeit

So entspannt kann es auch in Ihrem gemeinsamen Revier laufen. Natürlich ohne »handgreifliche« Beziehungsklärung. Dafür mit kluger Erziehung (→ Seite 50 bis 53), Verständnis für Kätzchens spezielle Revierbedürfnisse (→ Seite 54/55) und anregenden Spiel- und Beschäftigungsangeboten (→ Seite 56–58). Und mit viel zärtlicher Zuwendung (→ Seite 59). Die tut nicht nur dem Kätzchen gut – sein Schnurren streichelt auch die Menschenseele.

Erziehung – die Kunst, Verträge zu schließen

Im Idealfall hat Ihr Kätzchen eine gute Kinderstube genossen. Es ist stubenrein, weiß, wie es mit seinen Mitkatzen umgehen muss und behandelt alle in der neuen Familie wie Artgenossen. Dem kleinen Mitbewohner ist bewusst, dass er sich mit den anderen in seinem Revier arrangieren muss. Das ist Ihre Erziehungs-Chance! Nicht mit Befehlen, sondern mit »Verträgen« auf Gegenseitigkeit erzielen Sie Erfolge.
Tabu-Zonen Natürlich will Ihr Stubentiger sein Revier bis in den letzten Winkel erkunden. Völlig un-

eingeschränkt können Sie ihm das schon aus Sicherheitsgründen nicht gestatten. Ihr Vertrag: Bestimmte Plätze sind vom Revier-Recht ausgenommen, wie zum Beispiel Herdplatte, Küchenanrichte, Esstisch, Computertastatur oder das Regal im Bad. Steuert es diese Plätze an, sagen Sie mit lauter Stimme »Nein« oder klatschen in die Hände. Falls das den Forscherdrang nicht bremst, müssen Sie Ihr »Nein« verstärken: Stellen Sie am Rand des verbotenen Platzes Blechdosen so auf, dass sie beim Aufspringen

Wer Kratzspuren an den Möbeln auf ein Minimum reduzieren will, stellt seinem Kätzchen besser mehrere attraktive Wetzgelegenheiten zur Verfügung. Und lobt es, wenn es sie benutzt.

scheppernd herunterfallen. Oder decken Sie die Fläche mit doppelseitigem Klebeband ab. Meist können Sie diese Sicherungen bald wieder abbauen, weil Kätzchen begreift: Hier habe ich nichts zu suchen.

Stehlen In Katzenkreisen ist Stehlen keine Straftat! Jeder Gegenstand, den das kleine Raubtier mit Kraft, Geschick und Schnelligkeit ergattern kann, ist »rechtmäßige« Beute. Ihr Vertrag: Alles was in der Wohnung unbewacht herumliegt oder -steht, haben Sie auf Unbedenklichkeit (→ Seite 28/29) geprüft. Ihr Kätzchen darf es sich unter die Kralle reißen. Vorausgesetzt, es befindet sich nicht auf einem »Tabu-Platz« wie z. B. das Stück Fleisch auf der Küchenanrichte. Lassen Sie verführerische Lebensmittel aber auch dort besser nicht aus den Augen.

Betteln Warum sollte Ihr Kätzchen nicht mal ein Stückchen Roastbeef oder eine kleine Portion Leberwurst vom Menschentisch probieren dürfen? Die Antwort: Weil es so zum Betteln erzogen wird. Ihr Vertrag: Gefüttert wird ausschließlich am Futterplatz, am Menschentisch dagegen wird das Kätzchen ignoriert. Und natürlich darf gelegentlich ein wenig Menschenkost an den Futterplatz gelegt werden. Aber bitte nur dorthin.

Kratzen Ihr kleiner Hausgenosse muss seine Krallen wetzen; aber nicht an Ihren Möbeln, Teppichen und Wänden! Ihr Vertrag: Sie stellen attraktive Wetzgelegenheiten zur Verfügung, Ihr Kätzchen kratzt nur dort. Schlägt es seine Krallen ins falsche Objekt, ist das scharfe »Nein« fällig. Lenken Sie es mit einem Spielangebot ab und locken Sie es zur eigenen Wetzgelegenheit. Großes Lob, wenn es daran kratzt. Sie müssen die Prozedur oft wiederholen, denn die kleine Kratzbürste gibt ihrem Wetztrieb nur zu gern spontan dort nach, wo er sie überfällt. Und: Ganz ohne Kratzspuren wird Ihre Einrichtung nicht davonkommen. Aber das wissen Sie ja schon …

Grundsätzliche **Erziehungsregeln**

TIPPS VON DER KATZEN-EXPERTIN Brigitte Eilert-Overbeck

Katzen sind und bleiben eigenwillig. Berücksichtigen Sie das bei der Erziehung, Sie ersparen sich so viel Frust – und haben mehr Erfolg.

MIT VERBOTEN sollten Sie sparsam sein. Setzen Sie die wenigen Tabus aber wachsam, konsequent und freundlich durch. Wenn ein Verbot mal gelten soll und mal wieder nicht, fühlt sich Ihr Kätzchen verwirrt und verunsichert.

AUF ÜBERTRETUNGEN reagieren Sie sofort mit einem scharfen »Nein« oder Händeklatschen. Bei potenziell gefährlichen Eskapaden – z. B. dem Sprung auf den Herd – pusten Sie dem Kätzchen kurz ins Gesicht: Sie fauchen »Lass das!«.

ÜBER STRAFEN denken Sie erst gar nicht nach. Schlagen ist sowieso tabu, aber auch lautes Schimpfen macht nur Angst und nützt nichts. Ihr Kätzchen verknüpft nachträgliche Maßnahmen nicht mit vorherigen »Missetaten«, fühlt sich grundlos schikaniert und verliert sein Vertrauen.

ERWÜNSCHTES VERHALTEN verstärken Sie durch Lob und Belohnung. Sofort reagieren!

Fit für den Freilauf

Stimmen die Voraussetzungen für den Freilauf (→ Seite 10) oder können Sie Ihrem Kätzchen ein sicher eingezäuntes Gartenrevier bieten? Bevor er seinen ersten Ausflug unternimmt, sollte der kleine Hausgenosse mit seinem neuen Heim rundum vertraut sein und auf seinen Namen hören. Nach etwa vier Wochen ist es meist so weit. Gehen Sie erst mal mit nach draußen. Lassen Sie den Minitiger ein wenig herumspazieren, halten Sie Sprech- und Sichtkontakt und bitten Sie ihn nach etwa einer halben Stunde wieder herein. Bei der Rückkehr gibt's einen Leckerbissen zur Belohnung. In den folgenden Tagen können Sie die »Draußen-Zeit« weiter ausdehnen. Kommt das Kätzchen zuverlässig auf Ihren Zuruf, dürfen Sie es auch allein hinauslassen – Belohnung bei der Heimkehr nicht vergessen. Das Schütteln von Leckerli-Dose oder -Karton hat sich als Rückruf-Verstärkung bewährt. Eine Katze, die hinaus kann, muss übrigens jederzeit wieder in die Wohnung hineinkommen können, z. B. durch eine Katzenklappe.

Leinentraining

Kein Freilauf, kein Garten, kein Balkon? Dann könnten Sie Ihr Kätzchen allenfalls an der Leine mit nach draußen nehmen. Gewöhnung an die Leine ist auch auf Reisen, beim Tierarztbesuch oder bei einem Umzug von Vorteil. Und so üben Sie es:

› Besorgen Sie ein einfaches Katzenhalsband und lassen Sie das Kätzchen erst mal damit spielen.

› Legen Sie ihm später einfach das Halsband um. Nehmen Sie es nach fünf Minuten wieder ab und wiederholen Sie das mehrfach. Loben sie das Kätzchen, wenn es das zulässt, aber üben Sie keinen Zwang aus, falls es sich wehrt: Manche wollen einfach nicht. Na und?

› Hat das Halsbandtraining geklappt, besorgen Sie ein Brustgeschirr (speziell für Katzen) und eine Leine. Das Geschirr ist sicherer und letztlich auch komfortabler. Lassen Sie das Kätzchen mit dem Geschirr spielen, bevor Sie es ihm erstmals für fünf Minuten anlegen.

› Nach einigen Wiederholungsübungen (Aufhören, wenn Kätzchen nicht mehr mag!) klinken Sie die Leine ein, nehmen sie in eine Hand und locken das Samtpfötchen mit einem Leckerbissen in der anderen vorwärts. Bei jedem Schritt gibt es Lob und zum Schluss das Leckerchen. Üben Sie mit viel Geduld und Lob und lassen Sie Ihr angeleintes Kätzchen nie unbeaufsichtigt.

Krallenwetzen muss sein! Aber manchmal überfällt die Kratzlust kleine Stubentiger auch am ungeeigneten Objekt ...

Erziehungsnachhilfe

Wenn es Ihrem Kätzchen an »Kinderstube« mangelt, haben Sie es mit der Erziehung nicht ganz so leicht. Kleine Ex-Streuner zum Beispiel brauchen etwas länger, bis sie ihrem Menschen vertrauen und ihn als »Vertragspartner« akzeptieren. Manches lernen sie vielleicht nie: Etwa beim Spiel die Krallen einzuziehen oder bei bestimmten Geräuschen nicht zu erschrecken – und wenn's nur der Toaster ist. Anderes lernen sie mit etwas mehr Mühe – etwa, dass man Pflanzschalen nicht als Katzenklo benutzen sollte oder dass man seine Krallen nur an bestimmten Stellen wetzen darf.

Mit Geduld und positiver Verstärkung meistern Sie diese Hürden. Loben Sie den kleinen Kerl, sobald er erwünschtes Verhalten zeigt. Ein Beispiel: Ihr Kätzchen geht brav in die Streukiste. Schnalzen Sie anerkennend mit der Zunge und geben Sie ihm anschließend ein Leckerchen. Oder es schlägt seine Krallen in die dafür vorgesehene Wetzgelegenheit. Wieder schnalzen Sie, wieder folgt dem Geräusch eine Belohnung. Wichtig ist, dass Sie direkt im Augenblick der Aktion schnalzen, damit Ihr Kätzchen das Lob auch versteht und mit seiner Handlung verknüpft. Die Methode »Lob sofort, Belohnung gleich danach« ist als Clickertraining bei Hunden erfolgreich, wirkt aber auch bei unseren Samtpfoten.

Mit positiver Verstärkung allein ist es freilich nicht getan. Die Rabauken können auch ziemlich hartnäckig an ihren Unarten festhalten. Wo ein scharfes »Nein« oder Händeklatschen nicht wirken, tun es vielleicht andere »Hemmreize«. Auch hier gilt wieder: Sofort handeln! Ein Beispiel: Ihr Kätzchen nimmt zum x-ten Mal Kurs auf die Sofalehne, um dort seine Krallen zu wetzen. Ein gut gezielter Schuss Wasser (ohne Zusätze!) aus der Blumenspritze oder ein durch die Luft fliegendes Alukettchen hemmt die

Auch ein kleiner Dickkopf wie das British-Blue-Kätzchen lässt sich mit Liebe, Geduld und Konsequenz erziehen.

Aktion. »Schießen« oder werfen Sie aus dem Hinterhalt: Damit der kleine Sünder nicht Sie, sondern sein Kratzen am falschen Platz mit der »Dusche« oder dem Gerassel verknüpft, darf er nicht merken, wer der Schütze bzw. Werfer ist. Nach einigen Wiederholungen hat Kätzchen seine Lektion gelernt.

Gelassenheit ist Trumpf

Was immer Sie auch als Katzen-Erzieher unternehmen – gehen Sie's gelassen an. Manche »Unart« wie etwa ein Malheur außerhalb der Katzentoilette ist auf den Veränderungsstress der ersten Wochen zurückzuführen, der Kätzchens Verdauung ganz schön durcheinanderbringen kann. Oder das beliebte Gardinenklettern (→ Seite 28/29) auf überschüssige Energie. Solche Probleme lassen sich innerhalb weniger Wochen mit viel Spaß buchstäblich spielend lösen (→ Seite 56/57).

Traumrevier für Stubentiger

In erster Linie sollen Sie sich in Ihren vier Wänden wohl fühlen. Andererseits soll Ihre Wohnung dem kleinen Co-Hausherrn ein vollwertiges Revier bieten. Kein Problem – es sei denn, Sie gehören zu den Verfechtern des minimalistischen Wohnstils. Ihr Stubentiger hat's nämlich gern gemütlich. Und nicht zu übersichtlich.

Deckung erwünscht Er mag Nischen, Vorhänge, üppige Sofa- und Bettüberwürfe, bodenlange Tischdecken – kurzum alles, was ihm Deckung bietet. Diese Vorlieben hat er von seinen wilden Vorfahren aus Dschungel und Savanne geerbt. Wie diese schleicht auch er gern auf verborgenen Pfaden. Geschickt im Raum verteilte Pflanzenkübel können so einen »Dschungelpfad« ergeben. Selbstverständlich muss ihr Inhalt unbedenklich sein: Mit ungifti-

gen Pflanzen wie Bambus, Zypergras, Grünlilie, Thymian und Wasser- oder Katzenminze machen Sie nichts verkehrt.

Von oben herab Sein möglichst deckenhoher Kratz- und Kletterbaum mit Höhlenversteck und Aussichtsplattform(en) sollte nicht die einzige Aufstiegsmöglichkeit des kleinen Revierbesitzers bleiben. Der Blick »von oben herab« gehört ebenfalls zu den ererbten Vorlieben unserer Samtpfoten. Lassen Sie ihn also ruhig auf Schränke, Anrichten und Regale springen und räumen Sie ihm ein Plätzchen auf der Fensterbank frei, damit er durch die Glasscheibe sein »Kino« genießen kann. Vielleicht opfern Sie auch das eine oder andere Fach hoch oben in der Regalwand und machen es über Kletterhilfen zugänglich, zum Beispiel mit dickem Tauwerk. Selbst einen schlauchförmigen Flur können Sie mit kleinen Hängeböden oder mit langen, umlaufenden Borden knapp über Türhöhe zum doppelt attraktiven Katzen-Spielplatz machen (Ihr Kätzchen schätzt außerdem die gerade »Rennstrecke«, auf der Bälle so wunderbar rollen). Falls die Möbel in der Nähe als Aufsprunghilfen und Zwischenlandeplatz nicht genügen, sorgen Sie für andere Zugangsmöglichkeiten: Ein an der Wand verdübelter Ast, ein Brett mit Quersprossen, eine selbst gezimmerte Treppenkonstruktion oder dickes Tauwerk ...

Die ganze Wohnung soll es sein Ihr Minitiger möchte in der gesamten Wohnung herumstreifen. Einen verbotenen Raum (zum Beispiel Schlafzimmer) akzeptiert er aber wie eine Reviergrenze. Was nicht ausschließt, dass er mal hineinwitscht, frei nach dem Motto: »Verbote sind zum Übertreten

Süße Träume hoch oben im Bücherregal: Katzen und Literatur haben schon immer bestens zusammengepasst.

Traumwohnung: Gemütlich für Zweibeiner, und für Stubentiger ein anregendes Revier mit Nischen, »Höhlen«, Aussichtsplätzen, vielen »Aufstiegsmöglichkeiten«, katzentauglichen Pflanzen und gesichertem Balkon als »Luftkurort«.

da«. Schön (und gut für Ihre Möbel!), wenn es dann mehrere fest installierte Krallenwetz-Gelegenheiten gibt – zum Beispiel auf der Wand angebrachte Sisalmatten oder Kratzrollen auf dem Boden zum Teppich-Schutz.

Freiluftzimmer: der Balkon

Zum »Traumrevier« gehört auch der Balkon. Hier kann Ihr Kätzchen gesunde Frischluft tanken, den Wechsel von Temperatur und Jahreszeiten spüren, sonnenbaden oder den Schneeflocken nachträumen. Sichern Sie das »Freiluftzimmer« unbedingt mit einem Katzenschutznetz (Fachhandel). Sind Sie bereit, den Balkonplatz mehr oder weniger ganz an Ihren Tiger abzugeben? Dann bringen Sie das Netz so an, dass eine geschlossene Veranda entsteht. Mit Kletterbaum, Katzenhöhle und Hochsitzen wird sie zum »Luftkurort«. Wenn dann noch Tisch und Klappstühlchen drauf passen, dürfen Sie sich bestimmt mal zu ihm setzen ...

Kätzchens Fitnesstraining – Spaß für Tier und Mensch

Kätzchen müssen spielen. Nicht nur aus Spaß an der Freude, sondern auch um fit zu bleiben. Für den Stubentiger ist das Spiel als Jagd-Ersatz und Training sogar noch wichtiger: Es ist die beste Möglichkeit, ihm Intelligenz, Lebensfreude und Beweglichkeit bis ins Alter zu erhalten. Haben Sie zwei Kätzchen, müssen Sie sich um den sportlichen Teil des Spiele-Programms kaum Gedanken machen: Die beiden liefern sich Verfolgungsjagden, kugeln übereinander und fechten Scheinduelle aus – eine wahre Wonne! Lassen Sie sich aber nicht täuschen: Auf das Spiel mit seinem Menschen verzichtet kein Kätzchen gern.

Fitnesscenter Kletterbaum Selbstverständlich darf Ihr Katzenkind überall spielen. Es findet seinen Kratz- und Kletterbaum aber noch verlockender und wird ihn noch lieber mit seinen Krallen bearbeiten, wenn Sie ihn zum Fitnesscenter aufrüsten. Dazu müssen Sie nicht mal Bastelkünstler sein – hier ist Katzenpsychologie gefragt. Beginnen Sie die täglichen Spielrunden deshalb am besten am Baum. Schlängeln Sie ein weiches Stück Kordel den Stamm hinauf, lassen Sie Ihr Kätzchen eine Plüschmaus am Band verfolgen oder einen Federwedel. Oder den Lichtschein einer Taschenlampe. Hängen Sie ab und zu auch mal neue Spielzeuge an den Baum – zum Beispiel Bällchen und Quasten am Elastikband. Hauptsache, Ihr Kätzchen kriegt mit: Der Baum ist Spiel- und Spaßzentrum. Deponieren Sie hier auch die »Schatzkiste«: Darin sind die Sachen unter Verschluss, mit denen es gerade nicht spielt.

Spiele zu zweit Lassen Sie Bällchen rollen und bewundern Sie Kätzchens Kickerkünste. Sehr beliebt: Bälle mit knisterndem Innenleben. Manche »Pfotballer« dribbeln gern unrunde Objekte, weil die so schön unregelmäßig über den Boden kullern: Walnüsse, leere Garnspulen, ein Stopfei … Werfen Sie ein Vollgummibällchen gegen die Wand. Der kleine Squash-Künstler springt danach und kriegt fast jeden Ball. Kleine, leichte Bällchen, Catnip-Spielzeug, Papierknäuel oder Korken fängt Kätzchen im Flug – und apportiert sie vielleicht sogar. Und

An einem solch standfesten Kratzpfosten kann sich Kätzchen auch später noch zu voller Größe aufrichten.

HOCHSEIL-ARTIST Es müssen nicht immer Bretter und Leitern sein – auch ein dickes Tau lädt Samtpfoten zum Klettern ein, und nicht nur dazu. Schließlich sind Katzen wahre Balancierkünstler, die sogar Zirkusartisten vor Neid erblassen lassen. In der Zirkuskuppel sorgen Netze für Sicherheit. Netze müssen Sie nicht spannen, Sie sollten ein Tau aber nicht über hartem Boden anbringen. Stürzt der kleine Künstler doch mal ab, ist es besser, er landet weich auf der Kletteranlage oder auf abgepolsterten Flächen.

TUNNELGLÜCK Trimmen am Kratz- und Kletterbaum ist prima, aber längst nicht die einzige Möglichkeit sportlicher Betätigung. Als leidenschaftlicher Höhlenforscher freut Ihr Kätzchen sich über einen Spieltunnel. Was man da alles anstellen kann: Hindurchjagen, Verstecken spielen, durch den Stoff nach Frauchens Hand tatzen, sich mitsamt dem Tunnel herumrollen oder – wenn ganz viel Vertrauen da ist – sich herumrollen lassen.

FÜR AUFSTEIGER Kleine Gipfelstürmer wollen hoch hinaus. Mit der richtigen Kletterhilfe stehen alle Möglichkeiten offen. Der Platzgewinn macht aus einer kleine Wohnung ein »großes« Revier.

Wunderbar, so ein Federwedel! Und schön, wenn der Mensch sich oft genug die Zeit zum gemeinsamen Spiel nimmt.

Auch so ein kleiner Spielkampf um die Lufthoheit im Körbchen ist Training fürs Katzenleben. Und Spaß macht er auch …

wie wäre es mit einem Versteckspiel? Legen Sie eine stabile Packpapiertüte (Keine Plastiktüte, Erstickungsgefahr!) auf den Boden und geben Sie eventuell etwas getrocknete Katzenminze hinein. Henkel bitte durchschneiden, damit sich das Katzenköpfchen nicht verfangen kann. Die kleine Neugiernase krabbelt natürlich hinein – und Sie müssen sie »suchen«, während sie sich mit der Tüte herumrollt und durchs Papier nach Ihnen tatzt.

Solitär-Spiele Selbstverständlich kann sich Ihr Kätzchen auch mal allein amüsieren. Stellen Sie ihm einen Karton mit Raschelpapier hin. Es wird mit Vergnügen darin untertauchen. Oder geben Sie ihm einen mit Löchern versehenen Schuhkarton, in dem Sie ein paar Leckerlis oder ein kleines Spielzeug versteckt haben: Ein wunderbares Angelspiel! Und wenn Sie ihm gelegentlich eine Küchen- oder Toilettenpapierrolle schenken, wird Ihr Samtpfötchen zum begeisterten »Abwicklungsbeauftragten«.

Spielregeln Der Spaß bleibt ungetrübt, wenn Sie
› Angebote machen, aber nichts aufdrängen.

› Aufhören, wenn Kätzchen keine Lust mehr hat oder erste Anzeichen einer Abwehrdrohung zeigt.
› Ihren Spielpartner die »Beute« spätestens jedes dritte Mal erwischen lassen.

Spielzeug ist nicht »für die Katz'«

Ihr Kätzchen spielt mit allem, was ihm in die Pfötchen fällt. Es freut sich aber auch über Katzenspielzeug. Der Zoofachhandel hat eine große Auswahl.
› Klassiker sind Mäuschen aus Sisal, Plüsch, mit Kaninchenfell-Bezug oder Rasselfüllung. Manche geben dank eines Chips sogar ziemlich realistische Geräusche von sich. Die Mäuschen sind prima Spielbeute, aber achten Sie auf Sicherheit: Eingesteckte Kunststoffaugen und -näschen könnte Ihr Kätzchen verschlucken. Vor der »Spielfreigabe« entfernen!
› Säckchen, Söckchen oder Phantasiegebilde mit Catnip (Katzenminze)-Füllung versetzen manche Katzen in – harmlose! – Rauschzustände, andere zeigen sich nur mäßig beeindruckt. Auch hier angenähte Glöckchen oder andere Kleinteile entfernen!

› Ihr Kätzchen mag Ballspiele aller Art. Am liebsten sind ihm Bällchen von 3–5 cm Durchmesser – die rollen schön, sind gut zu bewegen und lassen sich auch als »Beute« im Mäulchen herumtragen. Vor allem, wenn sie schön plüschig sind.

› Interaktives Spielzeug wie Angeln (Stock oder Plastikstab mit Schnur und »Plüschbeute«) oder Federwedel (Stab mit bunten Federn) ist wunderbar für Kätzchens Fitnesstraining – vorausgesetzt, Sie spielen mit. Raffiniertere Varianten: »Cat-Dancer«, ein Objekt am Draht, das sich wie ein Schmetterling bewegt, und »Cat-Charmer«, ein buntes Band am Plastikstab, das die Bewegungen einer Schlange nachahmt. Lassen Sie Ihr Kätzchen aber nicht allein mit Schnüren und Stäben spielen – Unfallgefahr!

› Solitär-Spiele schulen Intelligenz und Geschicklichkeit. Wie zum Beispiel »Play'n'Scratch«, eine Kombination aus Angel-, Kratz- und Fangspiel oder »Cat-Rack«, ein Kunststoffring mit einem Ball, den es herauszuangeln gilt. Ihr Kätzchen kann sich über Stunden damit amüsieren. Aber noch lieber spielt es mit Ihnen – mehrmals am Tag 10–15 Min. lang.

Zeit für Zärtlichkeit

Kätzchen verfügen über eine schier grenzenlose Energie. Wenn sie uns gestressten Zweibeinern doch nur etwas davon abgeben könnten! Keine Sorge, sie können. Sie tun es sogar gern. Kätzchen wollen nicht nur spielen, futtern und schlafen – irgendwann ist auch Schmusezeit. Natürlich muss der Minitiger aus eigenem Antrieb kommen. Locken mit leiser Stimme ist erlaubt, der »Zugriff« dagegen nur, wenn Ihr Kätzchen deutlich Zustimmung signalisiert und sich gern auf den Arm nehmen lässt. Schnurrt der kleine Schmuser erst mal auf Ihrem Schoß, spüren Sie schnell, wie sich die leeren Energiespeicher wieder aufladen. Schließen Sie die Augen und lassen Sie die Schnurr-Vibrationen auf sich wirken. Tut gut – wie eine sanfte Massage. Und schon fühlen Sie sich frischer, munterer, rundum besser. Und Ihr kleiner Räuber? Der genießt seine Streicheleinheiten und fühlt sich so zufrieden wie ein Katzenbaby bei seiner Mama. Übrigens: Zwei Kätzchen spielen miteinander, futtern gleichzeitig – aber mit dem Menschen schmusen will jedes nur allein. Gönnen Sie also jedem seine eigene Schmusestunde und versuchen Sie erst gar nicht, beide gemeinsam zu streicheln – das weckt Eifersucht und führt zu unnötigem Zoff.

Wie gern Ihr Kätzchen zu »Streichelsitzungen« kommt, liegt natürlich auch daran, wie es gestreichelt wird. Das Wichtigste: Seien Sie mit dem Herzen dabei. Mechanisches Getätschel würde Ihnen auch nicht gefallen. Lassen Sie Ihre Hände mit ganz leichtem Druck und fließenden Bewegungen über Rücken, Flanken und Brustfell gleiten. Hinter den Ohren, am Kinn, an den Bäckchen, an Hals und Nacken lassen sich Katzen gern mit den Fingerspitzen kraulen. Berührungen an Bauch, Pfoten und Schwanz schätzen die meisten Katzen nicht – lassen Sie diese Körperpartien also besser außen vor.

Wohlfühl-**Massage**

Manche Katzen schätzen von Zeit zu Zeit eine Wohlfühl-Massage. Streicheln Sie aber nur mit ganz sanften Druck. Fangen Sie hinter den Ohren an und massieren Sie bis zur Schwanzwurzel. Ob Ihr Kätzchen langsames Streicheln, kreisende Bewegungen oder rhythmisches Kneten lieber mag, müssen Sie selbst herausfinden. Achtung: Beim leisesten Anflug von Unmut endet das Programm.

Die Inhalte dieses Buches beziehen sich auf die Bestimmungen des deutschen Tier- bzw. Artenschutzes. In anderen Ländern können die Angaben abweichen. Erkundigen Sie sich daher im Zweifelsfall bei Ihrem Zoofachhändler oder bei der entsprechenden Behörde.

Adressen

› Fédération Internationale Féline (FIFe), www.fifeweb.org
› 1. Deutscher Edelkatzenzüchterverband e.V. (1. DEKZV e.V.), Mühlweg 4, 35614 Asslar, www.dekzv.de
› Deutsche Rassekatzen-Union e.V. (D.R.U.), Hauptstr. 21, 56814 Landkern, www.dru.de

Wichtiger **Hinweis**

› Schutzimpfungen und Entwurmungen sind notwendig, um die Gesundheit von Mensch und Tier nicht zu gefährden.

› Da einige Krankheiten und Parasiten auf den Menschen übertragbar sind, im Zweifelsfall immer zum Tierarzt gehen.

› Menschen mit Katzenhaar-Allergie sollten vor Anschaffung einer Katze ihren Arzt fragen.

› Gegen Schäden, die von Katzen verursacht wurden, schützt eine Haftpflichtversicherung.

› Österreichischer Verband für die Zucht und Haltung von Edelkatzen (ÖVEK), Liechtensteinstr. 126, A-1090 Wien, www.oevek.at

(Anschriften von Katzenclubs und -vereinen können Sie auch bei den vorgenannten Verbänden erfragen).
› Deutscher Tierschutzbund e.V., In der Raste 10, 53129 Bonn, www.tierschutzbund.de
› Tierschutzzentrum Hannover, www.tierschutzzentrum.de
› Schweizer Tierschutz (STS), Dornacherstr. 101, CH-4008 Basel, www.tierschutz.com, Beratungsstelle Tel. 0041/61/3659999
› Österreichischer Tierschutzverein, Berlagasse 36, A-1210 Wien, Tel. 0043/1/8973346, www.tierschutzverein.at

Fragen zur Haltung

beantworten Ihre Zoofachhändler und der Zentralverband Zoologischer Fachbetriebe Deutschlands e.V. (ZZF), Tel. 0611/44 75 53 32 (nur telefonische Auskunft möglich: Mo 12–16 Uhr, Do 8–12 Uhr), www.zzf.de

Krankenversicherung

› Uelzener Versicherungen, PF 2163, 29511 Uelzen, www.uelzener.de
› AGILA Haustier-Krankenversicherung AG, Breite Str. 6–8, 30159 Hannover, www.agila.de

Registrierung von Katzen

› TASSO e.V., Abt. Haustierzentralregister, 65843 Sulzbach, Tel. 06190/937300, www.tasso.net
E-Mail: info@tasso.net
› Deutsches Haustierregister, Deutscher Tierschutzbund e.V., In der Raste 10, 53129 Bonn, www.findefix.de

Zeitschriften

› die edelkatze. Illustrierte Fachzeitschrift für Katzenfreunde, Verbandszeitschrift des 1. DEKZV (→ Adressen)
› Geliebte Katze. Ein Herz für Tiere Media GmbH, München

Internetadressen

› www.katzen.de
› www.mietzmietz.de
Informationen über giftige Planzen erhalten Sie unter:
› www.giftpflanzen.ch

Bildnachweis

Alle Fotos in diesem Buch stammen von **Monika Wegler** mit Ausnahme von: **Arco/NPL:** 3, U7; **Ardea/Labat:** 16; **Tatjana Drewka:** 8; **F1-online/Sheldon:** U6-3; **Fotolia:** 10; **Getty Images:** U1; **Oliver Giel:** U4-3, 1, 19-3, 30, 31, 36, 48, 52, 58-1, 58-2, U5-1, U5-2, U6-2, U8-1, U8-2; **Juniors Bildarchiv:** 9, 24, 42, 57-3; **Plainepicture/Schneider:** 54; **Schanz-Fotodesign.de:** U6-1; **Shutterstock:** 2; **Tierfotoagentur.de/Richter:** 4; **Jana Weichelt:** U3-1, U3-2, U4-1, U4-2, 22, 32.

Die werden Sie auch lieben.

ISBN 978-3-8338-7125-2

ISBN 978-3-8338-4422-5

ISBN 978-3-8338-3635-0

ISBN 978-3-8338-3465-3

ISBN 978-3-8338-7123-8

ISBN 978-3-8338-3641-1

 Alle hier vorgestellten Bücher sind auch als eBook erhältlich.

Die Autorin

Brigitte Eilert-Overbeck ist seit vielen Jahre begeisterte Katzenhalterin und hat das Verhalten dieser faszinierenden Tiere intensiv studiert. Sie hat bei TV Hören und Sehen das Ressort »Frau und Familie« geleitet und etliche Artikel zum Thema »Haustiere« verfasst. Über Katzen hat sie bereits mehrere Bücher und einige Artikel in Katzen-Zeitschriften veröffentlicht.

Die Fotografin

Monika Wegler gehört zu den besten Heimtierfotografen Europas. Sie arbeitet außerdem erfolgreich als Journalistin und Tierbuch-Autorin. Weitere Informationen finden Sie unter www.wegler.de.

Autorenfoto: Jürgen Römer

Syndication:
www.jalag-syndication.de

© 2015
GRÄFE UND UNZER VERLAG GmbH, München
Aktualisierte Neuausgabe von Unser Kätzchen, GRÄFE UND UNZER VERLAG GmbH, 2007, ISBN 978-3-8338-0579-0
Alle Rechte vorbehalten. Nachdruck, auch auszugsweise, sowie Verbreitung durch Film, Funk, Fernsehen und Internet, durch fotomechanische Wiedergabe, Tonträger und Datenverarbeitungssysteme jeglicher Art nur mit schriftlicher Genehmigung des Verlages.

Projektleitung: Jutta Weikmann, Anita Zellner, Vanessa Lotz
Lektorat: Barbara Kiesewetter, Gabriele Linke Grün
Bildredaktion: Daniela Jelinek, Waltraud Flöter, Petra Ender (Cover)
Umschlaggestaltung und Layout: independent Medien-Design, Horst Moser, München
Zeichnung: Karin Heckel-Merz
Herstellung: Petra Roth, Vanessa Görz
Satz und Repro: Longo AG, Bozen
Druck und Bindung: Firmengruppe APPL, aprinta druck, Wemding

Printed in Germany

ISBN 978-3-8338-4147-7

7. Auflage 2022

 www.facebook.com/gu.verlag

Umwelthinweis

Dieses Buch ist auf PEFC-zertifiziertem Papier aus nachhaltiger Waldwirtschaft gedruckt.

GRÄFE UND UNZER

Ein Unternehmen der
GANSKE VERLAGSGRUPPE